Werner Heisenberg

Quantentheorie und Philosophie

Vorlesungen und Aufsätze

Herausgegeben von
Jürgen Busche

Reclam

RECLAMS UNIVERSAL-BIBLIOTHEK Nr. 9948

Gesamtherstellung: Reclam, Ditzingen. Printed in Germany 2014

ISBN 978-3-15-009948-3

www.reclam.de

Die Geschichte der Quantentheorie

Der Anfang der Quantentheorie ist mit einem bekannten Phänomen verbunden, das keineswegs zu den zentralen Teilen der Atomphysik gehört. Irgendein Stück Materie, das erhitzt wird, beginnt zu glühen, es wird rot- oder schließlich weißglühend bei hohen Temperaturen. Die Farbe hängt nicht sehr stark von der Oberfläche des Materials ab, und für einen schwarzen Körper hängt sie sogar allein von der Temperatur ab. Daher ist die Strahlung, die durch solch einen schwarzen Körper bei hohen Temperaturen ausgesandt wird, ein geeignetes Objekt für physikalische Untersuchungen. Da es sich um ein einfaches Phänomen handelt, sollte es auch auf Grund der bekannten Gesetze der Strahlung und der Wärme eine einfache Erklärung dafür geben. Der Versuch zu einer solchen Erklärung, der gegen Ende des 19. Jahrhunderts durch Rayleigh und Jeans gemacht wurde, brachte jedoch sehr ernste Schwierigkeiten an den Tag. Es ist leider nicht möglich, diese Schwierigkeiten in einfachen Begriffen zu beschreiben. Es muß genügen festzustellen, daß die folgerichtige Anwendung der damals bekannten Naturgesetze nicht zu sinnvollen Resultaten führte.

Als Planck im Jahre 1895 mit seiner wissenschaftlichen Arbeit in dieses Forschungsgebiet eintrat, versuchte er das Problem von der Strahlung auf das strahlende Atom zu verschieben. Durch diese Verschiebung wurden die tieferen Schwierigkeiten des Problems zwar nicht beseitigt, aber ihre Interpreta-

tion und die Deutung der empirischen Tatsachen wurden dadurch einfacher. Eben in jener Zeit, nämlich im Sommer 1900, hatten Curlbaum und Rubens in Berlin sehr genaue neue Messungen des Spektrums der Wärmestrahlung vorgenommen. Als Planck von diesen Ergebnissen hörte, versuchte er sie durch einfache mathematische Formeln darzustellen, die nach seinen allgemeinen Untersuchungen über den Zusammenhang zwischen Wärme und Strahlung plausibel aussahen. Eines Tages, so wird berichtet, trafen sich Planck und Rubens in Plancks Hause zum Tee und verglichen Rubens' neueste Resultate mit einer Formel, die Planck zur Deutung von Rubens' Messungen vorgeschlagen hatte. Der Vergleich zeigte eine vollständige Übereinstimmung. Damit war das Plancksche Gesetz der Wärmestrahlung entdeckt.
Diese Entdeckung bezeichnete aber erst den Anfang der eigentlichen theoretischen Forschungsarbeit für Planck. Wie lautete die korrekte physikalische Interpretation der neuen Formel? Da Planck von seinen früheren Untersuchungen her die Formel leicht in eine Aussage über das strahlende Atom (den sogenannten Oszillator) übersetzen konnte, muß er wohl bald herausgefunden haben, daß seine Formel so aussah, als könnte der Oszillator seine Energie nicht stetig ändern, sondern nur einzelne Energiequanten aufnehmen, als könnte er nur in bestimmten Zuständen oder, wie der Physiker sagt, in diskreten Energiestufen existieren. Dieses Ergebnis war so verschieden von allem, was man aus der klassischen Physik wußte, daß Planck sich sicher am Anfang geweigert hat, es zu glauben. Aber in einer Periode intensivster Arbeit während des Herbstes 1900 rang er sich schließlich zu

der Überzeugung durch, daß es keine Möglichkeit gab, diesem Schluß zu entgehen. Von Plancks Sohn soll später erzählt worden sein, daß sein Vater ihm, als er Kind war, auf einem langen Spaziergang durch den Grunewald von seinen neuen Ideen gesprochen hätte. Auf diesem Weg hätte er ihm auseinandergesetzt, daß er das Gefühl habe, entweder eine Entdeckung allerersten Ranges gemacht zu haben, vielleicht vergleichbar mit den Entdeckungen Newtons, oder sich völlig zu irren. Planck muß sich also um diese Zeit darüber klargeworden sein, daß seine Formel die Grundlagen der Naturbeschreibung erschütterte; daß diese Fundamente eines Tages in Bewegung geraten und von ihrer gegenwärtigen, durch die Überlieferung bestimmten Stelle aus in eine neue und damals noch völlig unbekannte neue Gleichgewichtslage übergehen würden. Planck, in seinen ganzen Anschauungen ein konservativer Geist, war keineswegs erfreut über diese Folgerungen; aber er veröffentlichte seine Quantenhypothese im Dezember 1900.

Der Gedanke, daß Energie nur in diskreten Energiequanten emittiert und absorbiert werden könnte, war so neu, daß er nicht in den überlieferten Rahmen der Physik eingefügt werden konnte. Ein Versuch Plancks, seine neue Hypothese mit den älteren Vorstellungen der Strahlungslehre zu versöhnen, scheiterte an den wesentlichen Punkten. Es dauerte etwa fünf Jahre, bis der nächste Schritt in der neuen Richtung erfolgen konnte.

Dieses Mal war es der junge Albert Einstein, ein revolutionärer Genius unter den Physikern, der sich nicht scheute, noch mehr von den alten Begriffen aufzugeben. Einstein fand zwei neue Probleme, bei denen er die Planckschen Vorstellungen mit Erfolg anwenden konnte. Das eine war der sogenannte photoelektrische Effekt, die Aussendung von Elektronen aus Metallen unter dem Einfluß von Licht. Die Experimente, die besonders sorgfältig von Lenard ausgeführt worden waren, hatten gezeigt, daß die Energie der ausgesandten Elektronen nicht von der Intensität des Lichtes abhängt, sondern nur von der Farbe oder, genauer gesagt, von der Frequenz oder der Wellenlänge des Lichtes. Dies konnte auf der Grundlage der früheren Strahlungstheorie nicht gedeutet werden. Einstein konnte aber die Beobachtungen erklären, indem er die Plancksche Hypothese durch die Annahme interpretierte, daß das Licht aus sogenannten Lichtquanten, d. h. aus Quanten von Energie bestehe, die sich wie kleine Korpuskeln durch den Raum bewegen. Die Energie des einzelnen Lichtquantums sollte, in Übereinstimmung mit Plancks Annahmen, gleich sein dem Produkt aus der Frequenz des Lichtes und der Planckschen Konstante.

Das andere Problem war die spezifische Wärme fester Körper. Die übliche Theorie führte zu Werten für die spezifische Wärme, die zwar mit den Experimenten im Bereich hoher Temperaturen gut übereinstimmten, die aber bei sehr tiefen Temperaturen viel höher als die beobachteten Werte waren. Wieder konnte Einstein zeigen, daß man dieses Verhalten der festen Körper verstehen konnte, indem man die Plancksche Quantentheorie auf die elastischen Schwingungen der Atome im festen Körper anwandte. Diese beiden Ergebnisse stellten einen sehr wichtigen Fortschritt dar, denn sie zeigten die Wirksamkeit der Planckschen Konstante in verschiedenen Erfahrungsbereichen, die gar nicht unmittelbar mit dem Problem der Wärmestrahlung zu tun hatten. Auch enthüllten sie den zutiefst revolutionären Charakter der neuen Hypothese; denn die Einsteinsche Fassung der Quantentheorie hatte zu einer Beschreibung des Lichtes geführt, die völlig verschieden war von der seit Huyghens üblichen Wellenvorstellung. Licht konnte also entweder als eine elektromagnetische Wellenbewegung gedeutet werden, so wie es seit Maxwells Arbeiten und Hertz' Experimenten angenommen wurde, oder als bestehend aus einzelnen »Lichtquanten« oder »Energiepaketen«, die sich mit hoher Geschwindigkeit durch den Raum bewegen. Aber konnte das Licht beides sein? Einstein wußte natürlich, daß die bekannten Erscheinungen der Beugung und Interferenz nur auf der Grundlage der Wellenvorstellung erklärt werden können. Er konnte auch nicht bestreiten, daß ein zunächst unauflösbarer Widerspruch bestand zwischen der Wellenvorstellung und seiner Lichtquantenhypothese. Einstein versuchte auch gar nicht, den inneren Widerspruch dieser Deutung zu beseitigen. Er nahm den Widerspruch hin als etwas, das vielleicht sehr viel später durch ganz neue Gedankengänge verstanden werden könnte.

In der Zwischenzeit war durch die Experimente von Becquerel, Curie und Rutherford etwas mehr Klarheit über die Struktur des Atoms gewonnen worden. Im Jahre 1911 leitete Rutherford aus seinen Beobachtungen über den Durchgang von α-Strahlen durch Materie sein berühmtes Atommodell ab. Das Atom besteht aus einem Atomkern, der positiv elektrisch geladen ist und fast die ganze Masse des Atoms enthält, und aus Elektronen, die um den Atomkern kreisen, ähnlich wie die Planeten um die Sonne. Die chemische Bindung zwischen Atomen verschiedener Elemente wird erklärt als eine Wechselwirkung zwischen den äußeren Elektronen der benachbarten Atome. Die chemische Bindung hat mit dem Atomkern unmittelbar nichts zu tun. Der Atomkern bestimmt das chemische Verhalten des Atoms nur indirekt durch seine elektrische Ladung, da diese die Anzahl der Elektronen im neutralen Atom festlegt. Allerdings konnte dieses Modell zunächst gerade eine der am meisten charakteristischen Eigenschaften des Atoms, nämlich seine enorme Stabilität, nicht erklären. Kein Planetensystem, das den Gesetzen der Newtonschen Mechanik folgt, würde jemals nach dem Zusammenstoß mit einem anderen derartigen System in seine Ausgangskonfiguration zurückkehren. Aber ein Kohlenstoffatom zum Beispiel wird ein Kohlenstoffatom bleiben, auch nach dem Zusammenstoß mit anderen Atomen oder nachdem es in einer chemischen Bindung mit anderen Atomen in Wechselwirkung gestanden hat.

Die Erklärung für diese ungewöhnliche Stabilität wurde im Jahre 1913 durch Niels Bohr gegeben, indem er die Plancksche Quantenhypothese auf das Rutherfordsche Atommodell anwandte. Wenn das Atom seine Energie nur um diskrete Energiebeträge ändern kann, so muß das bedeuten, daß das Atom nur in diskreten stationären Zuständen existieren kann, deren energieärmster eben der »normale« Zustand des Atoms ist. Deshalb wird das Atom nach irgendeiner Art von Wechselwirkung schließlich immer wieder in diesen Normalzustand zurückfallen.

Bohr konnte durch diese Anwendung der Quantentheorie auf das Atommodell nicht nur die Stabilität des Atoms erklären, sondern auch in einigen einfachen Fällen eine theoretische Deutung für die Linienspektren geben, die von den Atomen bei der Anregung durch elektrische Entladungen oder Wärmebewegung ausgesandt werden. Seine Theorie beruhte auf der Verbindung der klassischen Mechanik für die Bewegung der Elektronen mit Quantenbedingungen, die zu diesen klassischen Bewegungsgesetzen hinzugefügt wurden, um die diskreten stationären Zustände vor anderen Zuständen auszuzeichnen. Eine präzise mathematische Formulierung für diese Bedingungen wurde später von Sommerfeld gegeben. Bohr war sich durchaus klar darüber, daß die Quantenbedingungen in einer gewissen Weise die innere Konsistenz der Newtonschen Mechanik zerstörten. In dem einfachsten Fall des Wasserstoffatoms konnte man aber aus der Bohrschen Theorie die Frequenzen des emittierten Lichtes berechnen, und die Übereinstimmung mit den Beobachtungen war vollständig. Allerdings waren diese Frequenzen verschieden von den Bewegungsfrequenzen der Elektronen in ihren Bahnen und deren Oberschwingungen, und diese Tatsache zeigte sofort, daß die Theorie noch voll von Widersprüchen steckte. Trotzdem enthielt sie offenbar einen wesentlichen Teil der Wahrheit. Sie erklärte qualitativ das chemische Verhalten der Atome und ihre Linienspektren. Die Existenz der diskreten stationären Zustände wurde später in den Experimenten von Franck und Hertz, von Stern und Gerlach auch durch direkte Versuche bestätigt.

Bohrs Theorie hatte damit ein neues Forschungsgebiet eröffnet. Die große Masse experimentellen Erfahrungsmaterials, das in der Spektroskopie einige Jahrzehnte hindurch angehäuft worden war, stand nun als Information für das Studium der Quantengesetze bei den Bewegungen der Elektronen zur Verfügung. Die Erfahrungen der Chemiker konnten für denselben Zweck benutzt werden.

In der Begegnung mit diesem Erfahrungsmaterial lernten die Physiker allmählich die richtigen Fragen zu stellen. Und die richtige Fragestellung ist ja oft mehr als der halbe Weg zur Lösung des Problems. Was aber waren diese Fragen? Praktisch hatten fast alle mit den merkwürdigen scheinbaren Widersprüchen zwischen den Ergebnissen verschiedener Experimente zu tun. Wie kann es geschehen, daß dieselbe Strahlung, die Interferenzbilder hervorbringt und damit die Existenz einer zugrunde liegenden Wellenbewegung beweist, gleichzeitig auch den photoelektrischen Effekt bewirkt und deshalb aus bewegten Lichtquanten bestehen muß? Wie kann es geschehen, daß die Frequenz der Bahnbewegung der Elektronen im Atom sich nicht auch als Frequenz der emittierten Strahlung zeigt? Bedeutet das etwa, daß es gar keine Bahnbewegung gibt? Aber falls die Vorstellung einer Bahnbewegung unrichtig sein sollte, was geschieht dann mit den Elektronen im Inneren des Atoms? Man kann doch die Elektronen sehen, die sich durch eine Nebelkammer bewegen; manche von ihnen waren vorher Bestandteile eines Atoms und wurden aus diesem Atom in der Nebelkammer herausgeschlagen. Warum sollten sie sich also nicht auch innerhalb des Atoms bewegen? Man könnte sich vielleicht vorstellen, daß die Elektronen im Normalzustand des Atoms einfach in Ruhe sind. Aber es gibt ja Zustände mit höherer Energie, in denen die Elektronenschalen ein

Drehmoment besitzen. Daher können die Elektronen dort gar nicht in Ruhe sein. Man kann viele ähnliche Beispiele aufzählen. Immer und immer wieder findet man, daß der Versuch, die Atomvorgänge in Begriffen der üblichen Physik zu beschreiben, zu Widersprüchen führt. Allmählich, im Anfang der zwanziger Jahre, wurden die Physiker mit diesen Schwierigkeiten vertraut. Sie erwarben ein allerdings noch unklares Gefühl dafür, wo die Schwierigkeiten wahrscheinlich auftreten, und lernten, wie man sie vermeiden konnte. Sie wußten schließlich, welche Beschreibung eines Atomvorgangs für ein gegebenes Experiment zu den richtigen Resultaten führen würde. Dieses Wissen genügte nicht, um ein allgemeines widerspruchsfreies Bild der Quantenvorgänge zu gewinnen, aber es veränderte das Denken der Physiker in einer solchen Weise, daß sie irgendwie den Geist der Quantentheorie in sich aufnahmen. Schon einige Zeit bevor eine präzise Formulierung der Quantentheorie gegeben werden konnte, wußte man schon mehr oder weniger genau, wie das Ergebnis irgendeines Experiments aussehen würde.

Oft diskutierte man sogenannte »Gedankenexperimente«. Solche Experimente wurden erdacht, um eine besonders kritische Frage zu beleuchten, unabhängig davon, ob das Experiment tatsächlich ausgeführt werden konnte oder nicht. Natürlich war es wichtig, daß der Versuch wenigstens im Prinzip vorgenommen werden konnte; aber die experimentelle Technik durfte dabei beliebig kompliziert sein. Diese Gedankenexperimente erwiesen sich zur Klärung gewisser Probleme als außerordentlich nützlich. Wo es nicht möglich war, Einigkeit der Physiker über den wahrscheinlichen Ausgang eines solchen Experiments zu gewinnen, gelang es häufig, ein ähnliches, aber einfacheres Experiment zu ersinnen, das tatsächlich ausgeführt werden konnte; und das experimentelle Resultat trug dann wesentlich zur Klärung der Quantentheorie bei.

Das merkwürdigste Erlebnis jener Jahre war, daß die Paradoxa der Quantentheorie während dieses Prozesses der Klärung nicht verschwanden, daß sie im Gegenteil sogar immer schärfer und erregender in Erscheinung traten. Da gab es zum Beispiel das Experiment von Compton über die Streuung von Röntgenstrahlen. Nach den früheren Erfahrungen über die Interferenz von gestreutem Licht konnte kein Zweifel darüber bestehen, daß die Streuung im wesentlichen in folgender Weise geschieht: Die einfallende Lichtwelle versetzt ein Elektron im Strahl in Mitschwingung. Dann entsendet das schwingende Elektron eine Kugelwelle mit der Frequenz der einfallenden Welle und verursacht in dieser Weise das Streulicht. Compton fand aber im Jahre 1923, daß die Frequenz der gestreuten Röntgenstrahlen verschieden war von der Frequenz der einfallenden. Diese Frequenzänderung konnte formal gedeutet werden durch die Annahme, daß die Streuung als der Zusammenstoß eines Lichtquants mit einem Elektron beschrieben werden muß. Die Energie des Lichtquants ändert sich beim Stoß, und da das Produkt aus Frequenz und Planckscher Konstante gleich der Energie des Lichtquants sein soll, mußte also auch die Frequenz sich ändern. Aber was geschieht bei dieser Deutung mit der Lichtwelle? Die beiden Experimente, das eine über die Interferenz und das andere über die Frequenzänderung des Streulichts, schienen einander so vollständig zu widersprechen, daß kein Ausweg zu erkennen war.

Um diese Zeit waren viele Physiker schon davon überzeugt, daß diese scheinbaren Widersprüche zur eigentlichen Natur der Atomphysik gehörten. Daher versuchte de Broglie in Frankreich im Jahre 1924, den Dualismus zwischen Wellenbeschreibung und Teilchenbeschreibung auch auf die Elementarteilchen der Materie, speziell auf die Elektronen, auszudehnen. Er zeigte, daß eine Materiewelle in derselben Weise einer Bewegung des Elektrons korrespondieren konnte, wie die Lichtwelle der Bewegung eines Lichtquants korrespondiert. Es war natürlich damals nicht klar, was das Wort »korrespondieren« in diesem Zusammenhang bedeutet. Aber de Broglie schlug vor, daß die Quantenbedingung der Bohrschen Theorie als eine Aussage über die Materiewellen gedeutet werden sollte. Eine Welle, die um einen Atomkern herumläuft, kann aus geometrischen Gründen nur eine stationäre Welle sein; der Umfang der Bahn muß ein ganzzahliges Vielfaches der Wellenlänge sein. In dieser Weise schlug de Broglies Vorschlag eine Brücke von der Quantenbedingung, die immer ein Fremdkörper in der Mechanik der Elektronen geblieben war, zu dem Dualismus zwischen Wellen und Teilchen.

In der Bohrschen Theorie zeigte also der Unterschied zwischen der berechneten Bahnfrequenz des Elektrons und der Frequenz der ausgesandten Strahlung die Begrenzung des Begriffs »Elektronenbahn« überhaupt. Gegen diesen Begriff waren ja von Anfang an Zweifel laut geworden. Andererseits mußte man bei den hochangeregten Zuständen, bei denen die Elektronen sich in weitem Abstand vom Atomkern bewegen, doch annehmen, daß sie sich in der gleichen Weise bewegen, wie man sie etwa auch in einer Nebelkammer sieht. Dort durfte man also den Begriff »Elektronenbahn« gebrauchen. Es war deshalb sehr befriedigend, daß eben für diese hochangeregten Zustände die Frequenz der emittierten Strahlung sich der Bahnfrequenz annähert (genauer gesagt: der Bahnfrequenz und den harmonischen Oberschwingungen dieser Frequenz). Bohr hatte schon in einer seiner ersten Arbeiten vorgeschlagen, daß die Intensitäten der emittierten Spektrallinien den Intensitäten der entsprechenden harmonischen Oberschwingungen ungefähr entsprechen sollten. Dieses sogenannte Korrespondenzprinzip hatte sich für die näherungsweise Berechnung der Intensitäten von Spektrallinien als sehr nützlich erwiesen. In dieser Weise entstand der Eindruck, daß Bohrs Theorie zwar ein qualitatives, aber nicht ein quantitatives Bild gab von dem, was im Innern des Atoms geschah; daß gewisse neue Züge im Verhalten der Materie wenigstens qualitativ durch die Quantenbedingungen ausgedrückt werden konnten, die ihrerseits wieder irgendwie mit dem Dualismus zwischen Wellen und Teilchen verbunden waren.

Die präzise mathematische Formulierung der Quantentheorie ergab sich schließlich aus zwei verschiedenen Entwicklungen. Die eine ging auf Bohrs Korrespondenzprinzip zurück. Hier mußte man zwar den Begriff der Elektronenbahn zunächst aufgeben, aber man konnte ihn doch im Grenzfall hoher Quantenzahlen, d. h. großer Bahnen, angenähert aufrechterhalten. In diesem letzteren Fall gibt die emittierte Strahlung durch ihre Frequenzen und Intensitäten ein Bild der Elektronenbahn. Die Strahlung entspricht dem, was die Mathematiker die »Fourier-Darstellung« der Elektronenbahn nennen. So ergab sich von selbst die Idee, daß man die mechanischen Gesetze nicht niederschreiben solle in Form von Gleichungen für die Orte und Geschwindigkeiten der Elektronen, sondern von Gleichungen für die Frequenzen und Amplituden ihrer »Fourier-Entwicklung«. Wenn man von solchen Darstellungen ausging, konnte man hoffen, für die Größen, die man als Frequenzen und Intensitäten der ausgesandten Strahlung mißt, zu mathematisch faßbaren Beziehungen zu kommen. Dieses Programm konnte tatsächlich durchgeführt werden. Es führte im Sommer 1925 zu einem mathematischen Formalismus, der »Matrizenmechanik« oder allgemeine Quantenmechanik genannt wurde. Die Bewegungsgleichungen der Newtonschen Mechanik wurden ersetzt durch ähnliche Gleichungen zwischen Formen der linearen Algebra, die der Mathematiker »Matrizen« nennt. Es war ein sehr merkwürdiges Erlebnis, viele von den alten Ergebnissen der Newtonschen Mechanik, wie zum Beispiel die Erhaltung der Energie, auch in dem neuen Formalismus wiederzufinden. Später zeigten die Untersuchungen von Born, Jordan und Dirac, daß die Matrizen, die die Lage und das Bewegungsmoment der Elektronen darstellen, nicht miteinander vertauschbar sind. Diese Tatsache zeigte in der Sprache der Mathematik auf das deutlichste den wesentlichen Unterschied zwischen Quantenmechanik und klassischer Mechanik.

Die andere Entwicklung ging von de Broglies Vorstellung der Materiewellen aus. Schrödinger versuchte, eine Wellengleichung für die stationären Wellen de Broglies in der Umgebung eines Atomkerns aufzuschreiben. Es gelang ihm, im Frühjahr 1926 die Energiewerte der stationären Zustände des Wasserstoffatoms als Eigenwerte seiner Wellengleichung abzuleiten, und er konnte allgemeine Vorschriften dafür angeben, wie man gegebene klassische Bewegungsgleichungen in entsprechende Wellengleichungen – allerdings in einem abstrakten mathematischen Raum, nämlich in einem mehrdimensionalen Konfigurationsraum – übersetzen kann. Später konnte er zeigen, daß seine Wellenmechanik mathematisch äquivalent war mit dem älteren Formalismus der Quanten- oder Matrizenmechanik.

In dieser Weise besaß man also schließlich einen widerspruchsfreien mathematischen Formalismus, den man in zwei gleichberechtigten Weisen formulieren konnte, entweder durch Beziehungen zwischen Matrizen oder durch Wellengleichungen. Dieses mathematische Schema gab die richtigen Energiewerte für das Wasserstoffatom. Man brauchte weniger als ein Jahr, um zu zeigen, daß es auch für das Heliumatom und für die komplizierteren Probleme bei den schweren Atomen richtige Resultate liefert.

Aber in welchem Sinn beschrieb der neue Formalismus eigentlich die Atome? Die Paradoxa des Dualismus zwischen Wellen- und Partikelbild waren ja nicht gelöst; sie waren nur irgendwie in dem mathematischen Schema verschwunden.

Ein erster und sehr interessanter Schritt in Richtung auf ein wirkliches Verständnis der Quantentheorie wurde schon im Jahre 1924 von Bohr, Kramers und Slater unternommen. Sie versuchten, den scheinbaren Widerspruch zwischen Wellen- und Teilchenbild durch den Begriff der Wahrscheinlichkeitswelle zu beseitigen. Die elektromagnetischen Lichtwellen wurden nicht als wirkliche Wellen, sondern als Wahrscheinlichkeitswellen gedeutet, deren Intensität an jedem Punkt bestimmt, mit welcher Wahrscheinlichkeit ein Lichtquant von einem Atom an dieser Stelle absorbiert oder eventuell emittiert werden kann. Diese Vorstellung führte zu dem Schluß, daß die Gesetze von der Erhaltung der Energie und der Bewegungsgröße nicht notwendig im Einzelfall richtig sein müßten, sondern daß es sich dabei nur um statistische Gesetze handelte; daß also die Energie nur im statistischen Mittel erhalten bliebe. Dieser Schluß war allerdings noch nicht richtig, und die Beziehungen zwischen dem Wellen- und dem Teilchenbild der Strahlung erwiesen sich später als noch verwickelter.

Aber die Arbeit von Bohr, Kramers und Slater enthielt doch schon einen wesentlichen Zug der richtigen Deutung der Quantentheorie. Mit der Wahrscheinlichkeitswelle wurde ein völlig neuer Begriff in die theoretische Physik eingeführt. Die »Wahrscheinlichkeit« in der Mathematik oder in der statistischen Mechanik bedeutet eine Aussage über unseren Grad der Kenntnis der tatsächlichen Situation. Wenn wir würfeln, so können wir die feinen Einzelheiten in der Bewegung unserer Hand nicht verfolgen, die den Fall der Würfel bestimmen, und deshalb sagen wir, daß die Wahrscheinlichkeit, eine bestimmte Zahl zu werfen, gerade ein Sechstel beträgt, da der Würfel sechs Seiten hat. Die Wahrscheinlichkeitswelle von Bohr, Kramers und Slater aber enthielt mehr als dies. Sie bedeutete so etwas wie eine Tendenz zu einem bestimmten Geschehen. Sie bedeutete die quantitative Fassung des alten Begriffs der δύναμις oder »Potentia« in der

Philosophie des Aristoteles. Sie führte eine merkwürdige Art von physikalischer Realität ein, die etwa in der Mitte zwischen Möglichkeit und Wirklichkeit steht.

Später, als das mathematische Gerüst der Quantentheorie fertig war, griff Born diese Idee der Wahrscheinlichkeitswelle auf und gab eine klare Bestimmung jener mathematischen Größe im Formalismus, die man als Wahrscheinlichkeitswelle interpretieren muß. Es war nicht eine dreidimensionale Welle von der Art der elastischen oder der Radiowellen, sondern es handelte sich um eine Welle in einem vieldimensionalen Konfigurationsraum, die man erst durch die Schrödingerschen Untersuchungen kennengelernt hatte, also um eine ziemlich abstrakte mathematische Größe.

Selbst um diese Zeit, im Sommer 1926, war es noch nicht in jedem Fall klar, wie man den mathematischen Formalismus benutzen mußte, um eine gegebene experimentelle Situation zu beschreiben. Zwar wußte man, wie man die stationären Zustände eines Atoms zu beschreiben hatte, aber es war noch unbekannt, wie man sehr viel einfachere Vorgänge behandeln sollte, z. B. die Bewegung eines Elektrons durch eine Nebelkammer.

Als Schrödinger während dieses Sommers gezeigt hatte, daß sein wellenmechanischer Formalismus zur Quantenmechanik mathematisch äquivalent war, versuchte er eine Zeitlang, die Vorstellung der Quanten und der Quantensprünge ganz aufzugeben und die Elektronen im Atom einfach durch dreidimensionale Materiewellen zu ersetzen. Zu diesem Versuch wurde er veranlaßt durch das Ergebnis, daß die Energieniveaus im Wasserstoffatom in seiner Theorie als Eigenfrequenzen von stationären Materiewellen erschienen. Daher glaubte Schrödinger, es sei einfach ein Fehler, sie Energien zu nennen; sie seien eben nicht Energien, sondern Frequenzen. Aber in den Diskussionen, die im Herbst 1926 in Kopenhagen zwischen Bohr und Schrödinger und der Kopenhagener Physikergruppe stattfanden, wurde es bald offenbar, daß eine solche Deutung nicht einmal ausreichte, um das Plancksche Gesetz der Wärmestrahlung zu erklären.

In den Monaten, die auf diese Diskussionen folgten, führte schließlich ein intensives Studium all der Fragen, die mit der Deutung der Quantentheorie zu tun haben, in Kopenhagen zu einer vollständigen und, wie viele Physiker glauben, befriedigenden Klärung der ganzen Situation. Aber es war keine Lösung, die man leicht annehmen konnte. Ich erinnere mich an viele Diskussionen mit Bohr, die bis spät in die Nacht dauerten und fast in Verzweiflung endeten. Und wenn ich am Ende solcher Diskussionen noch allein einen kurzen Spaziergang im benachbarten Park unternahm, wiederholte ich mir immer und immer wieder die Frage, ob die Natur wirklich so absurd sein könne, wie sie uns in diesen Atomexperimenten erschien.

Der endgültigen Lösung näherte man sich auf zwei Wegen. Der eine war eine Umkehrung der Fragestellung. Statt zu fragen: Wie kann man in dem inzwischen bekannten mathematischen Schema eine gegebene experimentelle Situation beschreiben? stellte man die andere Frage: Ist es vielleicht so, daß nur solche experimentellen Situationen überhaupt in der Natur vorkommen, die in dem mathematischen Formalismus der Quantentheorie auch ausgedrückt werden können? Die Annahme, daß dies tatsächlich die richtige Fragestellung sei, führte zu Begrenzungen in der Anwendung der Begriffe, die die Grundlage der klassischen Physik seit Newton gebildet hatten. Man konnte zwar über den Ort und die Geschwindigkeit eines Elektrons sprechen wie in der Newtonschen Mechanik, man konnte die Größen auch beobachten und messen. Aber man konnte nicht beide Größen gleichzeitig mit einer beliebigen Genauigkeit bestimmen. Es ergab sich, daß das Produkt dieser beiden Ungenauigkeiten nicht kleiner gemacht werden konnte als die Plancksche Konstante, geteilt durch die Masse des Teilchens, um das es sich dabei handelte. Ähnliche Beziehungen konnten für andere experimentelle Situationen formuliert werden. Sie werden Unsicherheitsrelationen oder das Prinzip der Unbestimmtheit genannt. Man hatte damit gelernt, daß die alten Begriffe nur ungenau auf die Natur passen.

Der andere Weg war Bohrs Begriff der Komplementarität. Schrödinger hatte das Atom beschrieben als ein System, das nicht aus einem Atomkern und Elektronen, sondern aus einem Atomkern und Materiewellen besteht. Dieses Bild der Materiewellen enthielt zweifellos auch einen Teil der Wahrheit. Bohr betrachtete die beiden Bilder, das Partikel- und das Wellenbild, als zwei komplementäre Beschreibungen derselben Realität. Jede dieser Beschreibungen kann nur teilweise richtig sein. Es muß Grenzen für die Anwendung des Teilchenbildes ebenso wie für die Anwendung des Wellenbildes geben, denn sonst könnte man die Widersprüche nicht vermeiden. Wenn man aber jene Grenzen berücksichtigt, die durch die Unbestimmtheitsrelationen gezogen sind, so verschwinden die Widersprüche.

So war man schließlich im Frühjahr 1927 zu einer widerspruchsfreien Deutung der Quantentheorie gekommen, die häufig auch die Kopenhagener Deutung genannt wird. Diese Deutung bestand ihre Feuerprobe auf der Solvay-Konferenz in Brüssel im Herbst 1927. Jene Experimente, die immer zu den schlimmsten Paradoxa geführt hatten, wurden wieder und wieder in allen Einzelheiten diskutiert, besonders durch Einstein. Neue Gedankenexperimente wurden erfunden, um eventuell vorhandene innere Widersprüche der Theorie aufzuspüren, aber die Theorie erwies sich als widerspruchsfrei und schien allen Experimenten, soweit man sie kannte, gerecht zu werden.

Die Einzelheiten dieser Kopenhagener Deutung werden den Gegenstand des nächsten Kapitels* bilden. Man sollte vielleicht an dieser Stelle darauf hinweisen, daß es mehr als ein Vierteljahrhundert gedauert hat, um von der Planckschen Hypothese der Existenz der Energiequanten zu einem wirklichen Verständnis der quantentheoretischen Gesetze vorzudringen. Daraus erkennt man, wie groß die Veränderungen in unseren grundlegenden Vorstellungen von der Wirklichkeit sein mußten, bevor man die neue Situation vollständig verstehen konnte.

* In der vorliegenden Ausgabe S. 42–61. [Anm. des Hrsg.]

Die Quantenmechanik und ein Gespräch mit Einstein

Die Entwicklung der Atomphysik erfolgte in jenen kritischen Jahren so, wie Niels Bohr es mir beim Spaziergang auf dem Hainberg vorhergesagt hatte. Die Schwierigkeiten und inneren Widersprüche, die einem Verständnis der Atome und ihrer Stabilität entgegenstanden, konnten nicht etwa gemildert oder beseitigt werden. Im Gegenteil, sie traten immer schärfer hervor. Jeder Versuch, sie mit den begrifflichen Mitteln der früheren Physik zu bewältigen, schien von vornherein zum Scheitern verurteilt.
Da war zum Beispiel die Entdeckung des Amerikaners Compton, nach der Licht (oder genauer: Röntgenstrahlung) bei der Streuung an Elektronen seine Schwingungszahl ändert. Dieses Ergebnis konnte erklärt werden, wenn man annahm, daß das Licht, wie Einstein es vorgeschlagen hatte, aus kleinen Korpuskeln oder Energiepaketen besteht, die sich mit großer Geschwindigkeit durch den Raum bewegen und gelegentlich, eben beim Vorgang der Streuung, mit einem Elektron zusammenstoßen. Andererseits gab es viele Experimente, aus denen hervorging, daß sich Licht von den Radiowellen gar nicht grundsätzlich, sondern nur durch die kürzere Wellenlänge unterscheidet, daß ein Lichtstrahl also ein Wellenvorgang, nicht etwa ein Strom von Teilchen sein muß. Sehr merkwürdig waren auch die Ergebnisse von Messungen, die der Holländer Ornstein vorgenommen hatte. Hier handelte es sich darum, die Intensitätsverhält-

nisse von Spektrallinien zu bestimmen, die in einem sogenannten Multiplett vereinigt sind. Diese Verhältnisse konnten mit Hilfe der Bohrschen Theorie abgeschätzt werden. Es stellte sich heraus, daß zwar die aus der Bohrschen Theorie gewonnenen Formeln zunächst unrichtig sind, daß man aber durch eine geringfügige Abänderung dieser Beziehungen zu neuen Formeln kommen konnte, die den Erfahrungen offenbar genau entsprachen. So lernte man, sich den Schwierigkeiten allmählich anzupassen. Man gewöhnte sich daran, daß die Begriffe und Bilder, die man aus der früheren Physik in den Bereich der Atome übertragen hatte, dort nur halb richtig und halb falsch sind; daß man für ihre Anwendung also keine allzu strengen Maßstäbe anlegen darf. Andererseits konnte man unter geschickter Ausnutzung dieser Freiheit gelegentlich die richtige mathematische Formulierung der Einzelheiten einfach erraten.

In den Seminaren, die unter Leitung Max Borns im Sommersemester 1924 in Göttingen stattfanden, wurde daher schon von einer neuen Quantenmechanik gesprochen, die später an die Stelle der alten Newtonschen Mechanik treten sollte und von der einstweilen nur an einzelnen isolierten Stellen die Konturen zu erkennen waren. Auch im darauffolgenden Wintersemester, in dem ich wieder vorübergehend in Kopenhagen arbeitete und mich um den Ausbau einer Theorie bemühte, die Kramers von den sogenannten Dispersionserscheinungen entworfen hatte, konzentrierten sich unsere Anstrengungen darauf, die richtigen mathematischen Beziehungen zwar nicht abzuleiten, wohl aber aus der Ähnlichkeit zu den Formeln der klassischen Theorie zu erraten.

Wenn ich an den Zustand der Atomtheorie in jenen Monaten denke, so werde ich gleichzeitig immer an eine Wanderung erinnert, die ich wohl auch etwa im Spätherbst 1924 zusammen mit einigen Freunden aus der Jugendbewegung in den Bergen zwischen Kreuth und Achensee unternommen habe. Im Tal war damals das Wetter trüb gewesen, die Berge tief von Wolken verhangen; beim Aufstieg hatte sich der Nebel immer dichter um unseren enger werdenden Pfad geschlossen, und nach einiger Zeit waren wir in ein völlig unübersichtliches Gewirr von Felsen und Latschen geraten, in dem wir beim besten Willen keinen Weg mehr erkennen konnten. Wir versuchten trotzdem an Höhe zu gewinnen, allerdings mit etwas bangen Gefühlen, ob wir im Notfall wenigstens den Rückweg noch finden könnten. Aber mit dem weiteren Steigen ergab sich eine merkwürdige Veränderung. Der Nebel wurde stellenweise so dicht, daß wir die anderen aus dem Blickfeld verloren und uns nur noch durch Rufen verständigen konnten. Aber gleichzeitig wurde es über uns heller. Die Helligkeit fing an zu wechseln. Wir waren offenbar in ein Feld ziehender Nebelschwaden gelangt, und mit einem Mal konnten wir zwischen zwei dichteren Schwaden die helle, von der Sonne beleuchtete Kante einer hohen Felswand erkennen, deren Existenz wir nach unserer Karte schon vermutet hatten. Einige wenige Durchblicke dieser Art genügten, um uns ein klares Bild der Berglandschaft zu vermitteln, die wahrscheinlich vor uns und über uns lag; und nach weiteren zehn Minuten scharfen Anstiegs standen wir auf einer Sattelhöhe über dem Nebelmeer in der Sonne. Im Süden waren die Spitzen des Sonnwendgebirgs und dahinter die Schneegipfel der Zentralalpen in voller Klarheit zu erkennen, und über unseren weiteren Aufstiegsweg gab es keinerlei Zweifel.

In der Atomphysik waren wir im Winter 1924/25 offenbar schon in jenen Bereich gelangt, in dem zwar der Nebel oft undurchdringlich dicht war, in dem es aber sozusagen über uns schon heller wurde. Die Unterschiede der Helligkeit kündigten die Möglichkeit entscheidender Durchblicke an.

Als ich im Sommersemester 1925 wieder die Arbeit in Göttingen aufnahm – seit Juli 1924 war ich Privatdozent an der dortigen Universität –, begann ich meine wissenschaftliche Arbeit mit dem Versuch, die richtigen Formeln für die Intensitäten der Linien im Wasserstoffspektrum zu erraten, und zwar nach ähnlichen Methoden, wie sie sich in meiner Arbeit mit Kramers in Kopenhagen bewährt hatten. Dieser Versuch mißlang. Ich geriet in ein undurchdringliches Dickicht von komplizierten mathematischen Formeln, aus dem ich keinen Ausweg fand. Aber bei diesem Versuch befestigte sich in mir die Vorstellung, daß man gar nicht nach den Bahnen der Elektronen im Atom fragen dürfe, sondern daß die Gesamtheit der Schwingungsfrequenzen und der die Intensität der Linien bestimmenden Größen (der sogenannten Amplituden) als ein vollwertiger Ersatz der Bahnen gelten könnte. Jedenfalls konnte man diese Größen ja direkt beobachten. Es war also ganz im Sinne der Philosophie, die unser Freund Otto als Einsteins Standpunkt auf der Radtour an den Walchensee vertreten hatte, nur diese Größen als die Bestimmungsstücke des Atoms zu betrachten. Mein Versuch, einen solchen Plan beim Wasserstoffatom durchzuführen, war an der Kompliziertheit des Problems gescheitert. Daher suchte ich nach einem mathematisch einfacheren mechanischen System, bei dem ich vielleicht mit meinen Rechnungen durchkommen könnte. Als ein solches System bot sich das schwingende Pendel oder allgemeiner der sogenannte anharmonische Oszillator dar, der in der Atomphysik etwa als Modell von Schwingungen in Molekülen vorkommt. Meine Pläne wurden nun durch ein äußeres Hindernis mehr gefördert als gestört.

Ende Mai 1925 erkrankte ich so unangenehm an Heufieber, daß ich Born bitten mußte, mich für 14 Tage von meinen Pflichten zu entbinden. Ich wollte auf die Insel Helgoland reisen, um in der Seeluft, fern von blühenden Büschen und Wiesen, mein Heufieber auszukurieren. Bei der Ankunft in Helgoland muß ich mit meinem verschwollenen Gesicht einen recht kläglichen Eindruck gemacht haben; denn die Hauswirtin, bei der ich ein Zimmer mietete, meinte, ich hätte mich wohl am Abend vorher mit anderen geprügelt, sie wolle mich aber schon wieder in Ordnung bringen. Mein Zimmer lag im zweiten Stock ihres Hauses, das hoch oben am Südrand der Felseninsel einen herrlichen Blick auf die Unterstadt, die dahinter liegende Düne und das Meer gewährte. Wenn ich auf meinem Balkon saß, hatte ich oft Gelegenheit, an Bohrs Bemerkung zu denken, daß man beim Blick über das Meer einen Teil der Unendlichkeit zu ergreifen glaubt.

In Helgoland gab es außer den täglichen Spaziergängen auf dem Oberland und den Badeunternehmungen zur Düne keinen äußeren Anlaß, der mich von der Arbeit an meinem Problem abhalten konnte, und so kam ich schneller voran, als es mir in Göttingen möglich gewesen wäre. Einige Tage genügten, um den am Anfang in solchen Fällen immer auftretenden mathematischen Ballast abzuwerfen und eine einfache mathematische Formulierung meiner Frage zu finden. In einigen weiteren Tagen wurde mir klar, was in einer solchen Physik, in der nur die beobachtbaren Größen eine Rolle spielen sollten, an die Stelle der Bohr-Sommerfeldschen Quantenbedingungen zu treten hätte. Es war auch deutlich zu spüren, daß mit dieser Zusatzbedingung ein zentraler Punkt der Theorie formuliert war, daß von da ab keine weitere Freiheit mehr blieb. Dann aber bemerkte ich, daß es ja keine Gewähr dafür gäbe, daß das so entstehende mathematische Schema überhaupt widerspruchsfrei durchgeführt werden könnte. Insbesondere war es völlig ungewiß, ob in diesem Schema der Erhaltungssatz der Energie noch gelte, und ich durfte mir nicht verheimlichen, daß ohne den Energiesatz das ganze Schema wertlos wäre. Andererseits gab es in meinen Rechnungen inzwischen auch viele Hinweise darauf, daß die mir vorschwebende Mathematik wirklich widerspruchsfrei und konsistent entwickelt werden könnte, wenn man den Energiesatz in ihr nachweisen könnte. So konzentrierte sich meine Arbeit immer mehr auf die Frage nach der Gültigkeit des Energiesatzes, und eines Abends war ich soweit, daß ich daran gehen konnte, die einzelnen Terme in der Energietabelle oder, wie man es heute ausdrückt, in der Energiematrix durch eine nach heutigen Maßstäben reichlich umständliche Rechnung zu bestimmen. Als sich bei den ersten Termen wirklich der Energiesatz bestätigte, geriet ich in eine gewisse Erregung, so daß ich bei den folgenden

Rechnungen immer wieder Rechenfehler machte. Daher wurde es fast drei Uhr nachts, bis das endgültige Ergebnis der Rechnung vor mir lag. Der Energiesatz hatte sich in allen Gliedern als gültig erwiesen, und – da dies ja alles von selbst, sozusagen ohne jeden Zwang herausgekommen war – so konnte ich an der mathematischen Widerspruchsfreiheit und Geschlossenheit der damit angedeuteten Quantenmechanik nicht mehr zweifeln. Im ersten Augenblick war ich zutiefst erschrocken. Ich hatte das Gefühl, durch die Oberfläche der atomaren Erscheinungen hindurch auf einen tief darunter liegenden Grund von merkwürdiger innerer Schönheit zu schauen, und es wurde mir fast schwindlig bei dem Gedanken, daß ich nun dieser Fülle von mathematischen Strukturen nachgehen sollte, die die Natur dort unten vor mir ausgebreitet hatte. Ich war so erregt, daß ich an Schlaf nicht denken konnte. So verließ ich in der schon beginnenden Morgendämmerung das Haus und ging an die Südspitze des Oberlandes, wo ein alleinstehender, ins Meer vorspringender Felsturm mir immer schon die Lust zu Kletterversuchen geweckt hatte. Es gelang mir ohne größere Schwierigkeit, den Turm zu besteigen, und ich erwartete auf seiner Spitze den Sonnenaufgang.

Was ich in der Nacht von Helgoland gesehen hatte, war nun freilich nicht viel mehr als jene sonnenbeschienene Felskante in den Achenseer Bergen. Aber der sonst so kritische Wolfgang Pauli, dem ich von meinen Ergebnissen berichtete, ermutigte mich, in der eingeschlagenen Richtung weiterzugehen. In Göttingen nahmen sich Born und Jordan der neuen Möglichkeit an. Der junge Engländer Dirac in Cambridge entwickelte eigene mathematische Methoden zur Lösung der hier gestellten Probleme, und schon nach wenigen Monaten war durch die konzentrierte Arbeit dieser Physiker ein geschlossenes, zusammenhängendes mathematisches Gebäude errichtet, von dem man hoffen konnte, daß es zu den vielfältigen Erfahrungen in der Atomphysik wirklich paßte. Von der äußerst intensiven Arbeit, die uns in der Folgezeit für eine Reihe von Monaten in Atem hielt, soll hier nicht berichtet werden. Wohl aber von einem Gespräch mit Einstein, das einem Vortrag über die neue Quantenmechanik in Berlin folgte.

Die Universität Berlin galt damals als die Hochburg der Physik in Deutschland. Hier wirkten Planck, Einstein, von Laue und Nernst. Hier hatte Planck die Quantentheorie entdeckt und Rubens sie durch seine Messungen der Wärmestrahlung bestätigt, und hier hatte Einstein im Jahre 1916 die allgemeine Relativitätstheorie und die Theorie der Gravitation formuliert. Im Zentrum des wissenschaftlichen Lebens stand das physikalische Kolloquium, das wohl noch auf eine Tradition aus der Zeit von Helmholtz zurückging und zu dem die Professoren der Physik meist vollzählig erschienen. Im Frühjahr 1926 wurde ich eingeladen, im Rahmen dieses Kolloquiums über die neu entstandene Quantenmechanik zu berichten. Da ich die Träger der berühmten Namen nun zum ersten Mal persönlich kennenlernen konnte, gab ich mir große Mühe, die für die damalige Physik so ungewohnten Begriffe und mathematischen Grundlagen der neuen Theorie möglichst klar darzustellen, und es gelang mir, besonders Einsteins Interesse zu wecken. Einstein bat mich nach dem Kolloquium, ihn in seine

Wohnung zu begleiten, damit wir über die neuen Gedanken ausführlich diskutieren könnten.

Auf dem Weg dorthin erkundigte er sich nach meinem Studiengang und meinen bisherigen Interessen in der Physik. Als wir aber in der Wohnung angekommen waren, eröffnete er das Gespräch sofort mit einer Frage, die auf die philosophischen Voraussetzungen meiner Versuche zielte: »Was Sie uns da erzählt haben, klingt ja sehr ungewöhnlich. Sie nehmen an, daß es Elektronen im Atom gibt, und darin werden Sie sicher recht haben. Aber die Bahnen der Elektronen im Atom, die wollen Sie ganz abschaffen, obwohl man doch die Bahnen der Elektronen in einer Nebelkammer unmittelbar sehen kann. Können Sie mir die Gründe für diese merkwürdigen Annahmen etwas genauer erklären.«

»Die Bahnen der Elektronen im Atom kann man nicht beobachten«, habe ich wohl erwidert, »aber aus der Strahlung, die von einem Atom bei einem Entladungsvorgang ausgesandt wird, kann man doch unmittelbar auf die Schwingungsfrequenzen und die zugehörigen Amplituden der Elektronen im Atom schließen. Die Kenntnis der Gesamtheit der Schwingungszahlen und der Amplituden ist doch auch in der bisherigen Physik so etwas wie ein Ersatz für die Kenntnis der Elektronenbahnen. Da es aber doch vernünftig ist, in eine Theorie nur die Größen aufzunehmen, die beobachtet werden können, schien es mir naturgemäß, nur diese Gesamtheiten, sozusagen als Repräsentanten der Elektronenbahnen, einzuführen.«

»Aber Sie glauben doch nicht im Ernst«, entgegnete Einstein, »daß man in eine physikalische Theorie nur beobachtbare Größen aufnehmen kann.«

»Ich dachte«, fragte ich erstaunt, »daß gerade Sie diesen Gedanken zur Grundlage Ihrer Relativitätstheorie gemacht hätten? Sie hatten doch betont, daß man nicht von absoluter Zeit reden dürfe, da man diese absolute Zeit nicht beobachten kann. Nur die Angaben der Uhren, sei es im bewegten oder im ruhenden Bezugssystem, sind für die Bestimmung der Zeit maßgebend.«
»Vielleicht habe ich diese Art von Philosophie benützt«, antwortete Einstein, »aber sie ist trotzdem Unsinn. Oder ich kann vorsichtiger sagen, es mag heuristisch von Wert sein, sich daran zu erinnern, was man wirklich beobachtet. Aber vom prinzipiellen Standpunkt aus ist es ganz falsch, eine Theorie nur auf beobachtbare Größen gründen zu wollen. Denn es ist ja in Wirklichkeit genau umgekehrt. Erst die Theorie entscheidet darüber, was man beobachten kann. Sehen Sie, die Beobachtung ist ja im allgemeinen ein sehr komplizierter Prozeß. Der Vorgang, der beobachtet werden soll, ruft irgendwelche Geschehnisse in unserem Meßapparat hervor. Als Folge davon laufen dann in diesem Apparat weitere Vorgänge ab, die schließlich auf Umwegen den sinnlichen Eindruck und die Fixierung des Ergebnisses in unserem Bewußtsein bewirken. Auf diesem ganzen langen Weg vom Vorgang bis zur Fixierung in unserem Bewußtsein müssen wir wissen, wie die Natur funktioniert, müssen wir die Naturgesetze wenigstens praktisch kennen, wenn wir behaupten wollen, daß wir etwas beobachtet haben. Nur die Theorie, das heißt die Kenntnis der Naturgesetze, erlaubt uns also, aus dem sinnlichen Eindruck auf den zugrunde liegenden Vorgang zu schließen. Wenn man behauptet, daß man etwas be-

obachten kann, so müßte man also eigentlich genauer so sagen: Obwohl wir uns anschicken, neue Naturgesetze zu formulieren, die nicht mit den bisherigen übereinstimmen, vermuten wir doch, daß die bisherigen Naturgesetze auf dem Weg vom zu beobachtenden Vorgang bis zu unserem Bewußtsein so genau funktionieren, daß wir uns auf sie verlassen und daher von Beobachtungen reden dürfen. In der Relativitätstheorie wird zum Beispiel vorausgesetzt, daß auch im bewegten Bezugssystem die Lichtstrahlen, die von der Uhr zum Auge des Beobachters gehen, hinreichend genau so funktionieren, wie man das auch früher erwartet hätte. Und Sie nehmen mit Ihrer Theorie offenbar an, daß der ganze Mechanismus der Lichtstrahlung vom schwingenden Atom bis zum Spektralapparat oder bis zum Auge genauso funktioniert, wie man das immer schon vorausgesetzt hat, nämlich im wesentlichen nach den Gesetzen von Maxwell. Wenn das nicht mehr der Fall wäre, so könnten Sie die Größen, die Sie als beobachtbar bezeichnen, gar nicht mehr beobachten. Ihre Behauptung, daß Sie nur beobachtbare Größen einführen, ist also in Wirklichkeit eine Vermutung über eine Eigenschaft der Theorie, um deren Formulierung Sie sich bemühen. Sie vermuten, daß Ihre Theorie die bisherige Beschreibung der Strahlungsvorgänge in den Punkten, auf die es Ihnen hier ankommt, unangetastet läßt. Damit können Sie recht haben, aber das ist keineswegs sicher.«

Mir war diese Einstellung Einsteins sehr überraschend, obwohl mir seine Argumente einleuchteten, und ich fragte daher zurück: »Der Gedanke, daß eine Theorie eigentlich nur die Zusammenfassung der Beobachtungen unter dem Prinzip der Denkökonomie sei, soll doch von dem Physiker und Philosophen Mach stammen; und es wird immer wieder behauptet, daß Sie in der Relativitätstheorie eben von diesem Gedanken Machs entscheidend Gebrauch gemacht hätten. Was Sie jetzt eben gesagt haben, scheint mir aber genau in die entgegengesetzte Richtung zu gehen. Was soll ich nun eigentlich glauben, oder richtiger, was glauben denn Sie selbst in diesem Punkt?«

»Das ist eine sehr lange Geschichte, aber wir können ja ausführlich darüber reden. Dieser Begriff der Denkökonomie bei Mach enthält wahrscheinlich schon einen Teil Wahrheit, aber er ist mir etwas zu banal. Ich will zunächst ein paar Argumente für Mach anführen. Unser Umgang mit der Welt vollzieht sich doch offenbar über unsere Sinne. Schon wenn wir als kleine Kinder sprechen und denken lernen, so geschieht das, indem wir die Möglichkeit erkennen, sehr komplizierte, aber irgendwie zusammengehörige Sinneseindrücke durch ein Wort zu bezeichnen, etwa durch das Wort ›Ball‹. Wir lernen es von den Erwachsenen und empfinden dabei die Befriedigung, uns verständigen zu können. Man kann also sagen, daß die Bildung des Wortes und damit des Begriffes ›Ball‹ ein Akt der Denkökonomie sei, indem sie uns erlaubt, recht komplizierte Sinneseindrücke einfach zusammenzufassen. Mach geht dabei gar nicht auf die Frage ein, welche geistigen und körperlichen Voraussetzungen beim Menschen – hier beim kleinen Kinde – gegeben sein müssen, damit der Prozeß der Verständigung eingeleitet werden kann. Bei den Tieren funktioniert er bekanntlich sehr viel schlechter. Aber davon brauchen wir nicht zu sprechen. Mach meint nun weiter, daß die Bildung naturwissenschaftlicher Theorien

– eventuell sehr komplizierter Theorien – sich grundsätzlich in ähnlicher Weise vollzieht. Wir versuchen, die Phänomene einheitlich zu ordnen, sie in irgendeiner Weise auf Einfaches zurückzuführen, bis wir mit Hilfe einiger weniger Begriffe eine vielleicht sehr reichhaltige Gruppe von Erscheinungen verstehen können; und ›verstehen‹ heißt dann wohl nichts anderes, als sie eben mit diesen einfachen Begriffen in ihrer Vielfalt ergreifen zu können. Das klingt nun alles recht plausibel, aber man muß doch fragen, wie dieses Prinzip der Denkökonomie hier eigentlich gemeint ist. Handelt es sich um eine psychologische oder um eine logische Ökonomie, oder anders gefragt, handelt es sich um die subjektive oder um die objektive Seite der Erscheinung. Wenn das Kind den Begriff ›Ball‹ bildet, wird damit nur psychologisch eine Vereinfachung erreicht, indem die komplizierten Sinneseindrücke durch diesen Begriff zusammengefaßt werden, oder gibt es den Ball wirklich? Mach würde wahrscheinlich antworten: ›Der Satz ‚Es gibt den Ball wirklich' beinhaltet ja gar nicht mehr als die Behauptung der einfach zusammenfaßbaren Sinneseindrücke.‹ Aber da hat Mach unrecht. Denn erstens enthält der Satz ›Es gibt den Ball wirklich‹ ja auch eine Menge von Aussagen über mögliche Sinneseindrücke, die vielleicht in der Zukunft eintreten werden. Das Mögliche, das zu Erwartende, ist ein wichtiger Bestandteil unserer Wirklichkeit, der nicht neben dem Faktischen einfach vergessen werden darf. Und zweitens muß man bedenken, daß der Schluß von den Sinneseindrücken auf die Vorstellungen und Dinge zu den Grundvoraussetzungen unseres Denkens gehört; daß wir also dann, wenn wir nur von den Sinneseindrücken reden wollten, uns unserer Sprache und unseres Denkens berauben müßten. In anderen Worten, die Tatsache, daß es die Welt wirklich gibt, daß unseren Sinneseindrücken etwas Objektives zugrunde liegt, kommt bei Mach etwas zu kurz. Ich will damit nicht einem naiven Realismus das Wort reden; ich weiß schon, daß es sich hier um sehr schwierige Fragen handelt, aber ich empfinde den Machschen Begriff der Beobachtung eben auch als etwas zu naiv. Mach tut so, als wisse man schon, was das Wort ›beobachten‹ bedeutet; und da er glaubt, sich an dieser Stelle um die Entscheidung ›objektiv oder subjektiv‹ drücken zu können, erhält sein Begriff der Einfachheit einen so verdächtig kommerziellen Charakter: Denkökonomie. Dieser Begriff hat eine viel zu subjektive Färbung. In Wirklichkeit ist die Einfachheit der Naturgesetze auch ein objektives Faktum, und es käme darauf an, in einer richtigen Begriffsbildung die subjektive und die objektive Seite der Einfachheit ins richtige Gleichgewicht zu setzen. Das ist halt sehr schwer. Aber kehren wir lieber wieder zum Gegenstand Ihres Vortrages zurück. Ich habe den Verdacht, daß Sie gerade an der Stelle, von der wir eben gesprochen haben, in Ihrer Theorie später noch Schwierigkeiten bekommen werden. Ich will das genauer begründen. Sie tun so, als könnten Sie auf der Seite der Beobachtung alles so lassen wie bisher, das heißt, als könnten Sie einfach in der bisherigen Sprache über das reden, was die Physiker beobachten. Dann müssen Sie aber auch sagen: In der Nebelkammer beobachten wir die Bahn des Elektrons durch die Kammer. Im Atom aber soll es nach Ihrer Ansicht keine Bahnen des Elektrons mehr geben. Das ist doch offenbar Unsinn. Einfach durch Verkleinerung des

Raumes, in dem das Elektron sich bewegt, kann doch der Bahnbegriff nicht außer Kraft gesetzt werden.«
Ich mußte nun versuchen, die neue Quantenmechanik zu verteidigen. »Einstweilen wissen wir noch gar nicht, in welcher Sprache wir über das Geschehen im Atom reden können. Wir haben zwar eine mathematische Sprache, das heißt ein mathematisches Schema, mit Hilfe dessen wir die stationären Zustände des Atoms oder die Übergangswahrscheinlichkeiten von einem Zustand zu einem anderen ausrechnen können. Aber wir wissen noch nicht – wenigstens noch nicht allgemein –, wie diese Sprache mit der gewöhnlichen Sprache zusammenhängt. Natürlich braucht man diesen Zusammenhang, um die Theorie überhaupt auf Experimente anwenden zu können. Denn über die Experimente reden wir ja immer in der gewöhnlichen Sprache, das heißt in der bisherigen Sprache der klassischen Physik. Ich kann also nicht behaupten, daß wir die Quantenmechanik schon verstanden hätten. Ich vermute, daß das mathematische Schema schon in Ordnung ist, aber der Zusammenhang mit der gewöhnlichen Sprache ist noch nicht hergestellt. Erst wenn das einmal gelungen ist, wird man hoffen können, auch über die Bahn des Elektrons in der Nebelkammer so zu sprechen, daß keine inneren Widersprüche auftreten. Für eine Auflösung Ihrer Schwierigkeit ist es wohl einfach noch zu früh.«
»Gut, das will ich gelten lassen«, meinte Einstein, »wir werden uns ja in einigen Jahren noch einmal darüber unterhalten können. Aber vielleicht sollte ich im Zusammenhang mit Ihrem Vortrag noch eine andere Frage stellen. Die Quantentheorie hat ja zwei sehr verschiedene Seiten. Einerseits sorgt sie, wie be-

sonders Bohr immer mit Recht betont, für die Stabilität der Atome; sie läßt die gleichen Formen immer wieder neu entstehen. Andererseits beschreibt sie ein merkwürdiges Element von Diskontinuität, von Unstetigkeit in der Natur, das wir zum Beispiel sehr augenfällig erkennen, wenn wir im Dunkeln auf einem Leuchtschirm die Lichtblitze beobachten, die von einem radioaktiven Präparat ausgehen. Diese beiden Seiten hängen natürlich zusammen. In Ihrer Quantenmechanik werden Sie von diesen beiden Seiten reden müssen, wenn Sie zum Beispiel über die Aussendung von Licht durch die Atome sprechen. Sie können die diskreten Energiewerte der stationären Zustände berechnen. Ihre Theorie kann also, so scheint es, Rechenschaft geben von der Stabilität gewisser Formen, die nicht stetig ineinander übergehen können, sondern die eben um endliche Beträge verschieden sind und die offenbar immer wieder gebildet werden können. Was geschieht aber bei der Aussendung von Licht? Sie wissen, daß ich die Vorstellung versucht habe, daß das Atom von einem stationären Energiewert zum anderen gewissermaßen plötzlich herunterfällt, indem es die Energiedifferenz als ein Energiepaket, ein sogenanntes Lichtquant, ausstrahlt. Das wäre ein besonders krasses Beispiel für jenes Element von Unstetigkeit. Glauben Sie, daß diese Vorstellung richtig ist? Können Sie den Übergang von einem stationären Zustand zu einem anderen irgendwie genauer beschreiben?«

In meiner Antwort mußte ich mich auf Bohr zurückziehen. »Ich glaube, von Bohr gelernt zu haben, daß man über einen solchen Übergang in den bisherigen Begriffen überhaupt nicht reden, daß man ihn jedenfalls nicht als einen Vorgang in Raum und Zeit beschreiben kann. Damit ist natürlich sehr wenig gesagt. Eigentlich nur dies, daß man eben nichts weiß. Ob ich die Lichtquanten glauben soll oder nicht, kann ich nicht entscheiden. Die Strahlung enthält ja offenbar dieses Element von Unstetigkeit, das Sie mit Ihren Lichtquanten darstellen. Andererseits aber auch ein deutliches Element von Kontinuität, das in den Interferenzerscheinungen zutage tritt und das man am einfachsten mit der Wellentheorie des Lichtes beschreibt. Aber Sie fragen natürlich mit Recht, ob man aus der neuen Quantenmechanik, die man ja auch noch nicht wirklich verstanden hat, etwas über diese schrecklich schwierigen Fragen lernen kann. Ich glaube, daß man es zum mindesten hoffen sollte. Ich könnte mir vorstellen, daß man zum Beispiel eine interessante Auskunft bekommen würde, wenn man ein Atom betrachtet, das im Energieaustausch mit anderen Atomen in der Umgebung oder mit dem Strahlungsfeld steht. Man könnte dann nach der Schwankung der Energie im Atom fragen. Wenn sich die Energie unstetig ändert, so wie Sie es nach der Lichtquantenvorstellung erwarten, so wird die Schwankung, oder mathematisch genauer ausgedrückt, das mittlere Schwankungsquadrat größer sein, als wenn sich die Energie stetig ändert. Ich möchte glauben, daß aus der Quantenmechanik der größere Wert herauskommen wird, daß man das Element von Unstetigkeit also unmittelbar sieht. Andererseits müßte doch auch das Element von Stetigkeit zu erkennen sein, das im Interferenzversuch sichtbar wird. Vielleicht muß man sich den Übergang von einem stationären Zustand zu einem anderen so ähnlich vorstellen, wie in manchen Filmen den Übergang von einem Bild zum nächsten. Der Übergang vollzieht sich nicht plötzlich, sondern das eine Bild wird allmählich schwächer, das andere taucht langsam auf und wird stärker, so daß eine Zeitlang beide Bilder durcheinander gehen und man nicht weiß, was eigentlich gemeint ist. Vielleicht gibt es also einen Zwischenzustand, in dem man nicht weiß, ob das Atom im oberen oder im unteren Zustand ist.«

»Jetzt bewegen sich Ihre Gedanken aber in einer sehr gefährlichen Richtung«, warnte Einstein. »Sie sprechen nämlich auf einmal von dem, was man über die Natur weiß, und nicht mehr von dem, was die Natur wirklich tut. In der Naturwissenschaft kann es sich aber nur darum handeln, herauszubringen, was die Natur wirklich tut. Es könnte doch sehr wohl sein, daß Sie und ich über die Natur etwas Verschiedenes wissen. Aber wen soll das schon interessieren? Sie und mich vielleicht. Aber den anderen kann das doch völlig gleichgültig sein. Also, wenn Ihre Theorie richtig sein soll, so werden Sie mir eines Tages sagen müssen, was das Atom tut, wenn es von einem stationären Zustand durch Lichtaussendung zum anderen übergeht.«

»Vielleicht«, antwortete ich zögernd. »Aber es kommt mir so vor, als ob Sie die Sprache etwas zu hart verwendeten. Doch gebe ich zu, daß alles, was ich jetzt antworten könnte, den Charakter einer faulen Ausrede hat. Warten wir also ab, wie sich die Atomtheorie weiter entwickelt.«

Einstein schaute mich nun etwas kritisch an. »Warum glauben Sie eigentlich so fest an Ihre Theorie, wenn doch so viele und zentrale Fragen noch völlig ungeklärt sind?«

Sicher habe ich hier lange gebraucht, bis ich auf diese

Frage Einsteins antworten konnte. Aber dann habe ich wohl etwa folgendes gesagt: »Ich glaube ebenso wie Sie, daß die Einfachheit der Naturgesetze einen objektiven Charakter hat, daß es sich nicht nur um Denkökonomie handelt. Wenn man durch die Natur auf mathematische Formen von großer Einfachheit und Schönheit geführt wird – mit Formen meine ich hier: geschlossene Systeme von grundlegenden Annahmen, Axiomen und dergleichen –, auf Formen, die bis dahin noch von niemandem ausgedacht worden sind, so kann man eben nicht umhin zu glauben, daß sie ›wahr‹ sind, das heißt, daß sie einen echten Zug der Natur darstellen. Es mag sein, daß diese Formen auch von unserer Beziehung zur Natur handeln, daß es in ihnen auch ein Element von Denkökonomie gibt. Aber da man ja von selbst nie auf diese Formen gekommen wäre, da sie uns durch die Natur erst vorgeführt worden sind, gehören sie auch zur Wirklichkeit selbst, nicht nur zu unseren Gedanken über die Wirklichkeit. Sie können mir vorwerfen, daß ich hier ein ästhetisches Wahrheitskriterium verwende, indem ich von Einfachheit und Schönheit spreche. Aber ich muß zugeben, daß für mich von der Einfachheit und Schönheit des mathematischen Schemas, das uns hier von der Natur suggeriert worden ist, eine ganz große Überzeugungskraft ausgeht. Sie müssen das doch auch erlebt haben, daß man fast erschrickt vor der Einfachheit und Geschlossenheit der Zusammenhänge, die die Natur auf einmal vor einem ausbreitet und auf die man so gar nicht vorbereitet war. Das Gefühl, das einen bei einem solchen Anblick überkommt, ist doch völlig verschieden etwa von der Freude, die man empfindet, wenn man glaubt, ein Stück (physikalischer oder nichtphysikalischer) Handwerksarbeit besonders gut geleistet zu haben. Darum hoffe ich natürlich auch, daß sich die vorher besprochenen Schwierigkeiten noch irgendwie lösen werden. Die Einfachheit des mathematischen Schemas hat außerdem hier zur Folge, daß es möglich sein muß, sich viele Experimente auszudenken, bei denen man das Ergebnis mit großer Genauigkeit nach der Theorie vorausberechnen kann. Wenn die Experimente dann durchgeführt werden und das vorausgesagte Ergebnis liefern, so kann man doch kaum mehr daran zweifeln, daß die Theorie in diesem Gebiet die Natur richtig darstellt.«

»Die Kontrolle durch das Experiment«, meinte Einstein, »ist natürlich die triviale Voraussetzung für die Richtigkeit einer Theorie. Aber man kann ja nie alles nachprüfen. Daher interessiert mich das, was Sie über die Einfachheit gesagt haben, noch mehr. Aber ich würde nie behaupten wollen, daß ich wirklich verstanden hätte, was es mit der Einfachheit der Naturgesetze auf sich hat.«

Nachdem das Gespräch über die Wahrheitskriterien in der Physik noch eine Zeitlang weitergeführt worden war, verabschiedete ich mich und traf Einstein dann erst anderthalb Jahre später auf der Solvay-Konferenz in Brüssel, auf der die erkenntnistheoretischen und philosophischen Grundlagen der Theorie noch einmal den Gegenstand äußerst erregender Diskussionen bildeten.

Die Kopenhagener Deutung der Quantentheorie

Die Kopenhagener Deutung der Quantentheorie beginnt mit einem Paradoxon. Jedes physikalische Experiment, gleichgültig, ob es sich auf Erscheinungen des täglichen Lebens oder auf Atomphysik bezieht, muß in den Begriffen der klassischen Physik beschrieben werden. Diese Begriffe der klassischen Physik bilden die Sprache, in der wir die Anordnung unserer Versuche angeben und die Ergebnisse festlegen. Wir können sie nicht durch andere ersetzen. Trotzdem ist die Anwendbarkeit dieser Begriffe begrenzt durch die Unbestimmtheitsrelationen. Wir müssen uns dieser begrenzten Anwendbarkeit der klassischen Begriffe bewußt bleiben, während wir sie anwenden, aber wir können und sollten nicht versuchen, sie zu verbessern. Um dieses Paradoxon besser zu verstehen, ist es nützlich, zu vergleichen, wie ein Versuch in der klassischen Physik oder in der Quantentheorie interpretiert wird. In der Newtonschen Himmelsmechanik z. B. können wir damit beginnen, den Ort und die Geschwindigkeit eines Planeten zu bestimmen, dessen Bewegung wir studieren wollen. Die Ergebnisse der Beobachtung werden in Mathematik übersetzt, indem man Zahlen für die Koordinaten und die Bewegungsgrößen des Planeten aus der Beobachtung ableitet. Dann verwendet man die Bewegungsgleichung, um aus diesen Zahlwerten der Koordinaten und Bewegungsgrößen zu einer gegebenen Zeit die Werte der Koordinaten oder irgendwelche anderen Eigenschaften des Systems zu einer späteren Zeit zu ermitteln, und in dieser Weise kann der Astronom die Eigenschaften des Systems zu einer späteren Zeit vorhersagen. Er kann z. B. die genaue Zeit einer Mondfinsternis berechnen.

In der Quantentheorie ist das Verfahren etwas anders. Wir könnten uns z. B. für die Bewegung eines Elektrons in einer Nebelkammer interessieren und könnten durch irgendeine Beobachtung die Anfangslage und Geschwindigkeit des Elektrons bestimmen. Aber diese Bestimmung kann nicht genau sein. Sie wird zum mindesten die Ungenauigkeiten enthalten, die aus den Unbestimmtheitsrelationen zwangsläufig folgen, und sie wird außerdem wahrscheinlich noch sehr viel größere Ungenauigkeiten enthalten, die durch die Schwierigkeit des Experimentes bedingt sind. Die erste dieser Ungenauigkeiten gibt die Möglichkeit, das Ergebnis der Beobachtung in das mathematische Schema der Quantentheorie zu übersetzen. Eine Wahrscheinlichkeitsfunktion wird niedergeschrieben, die die experimentelle Situation zur Zeit der Messung darstellt, einschließlich der möglichen Ungenauigkeit der Messung.

Diese Wahrscheinlichkeitsfunktion stellt eine Mischung aus zwei verschiedenen Elementen dar, nämlich teilweise eine Tatsache, teilweise den Grad unserer Kenntnis einer Tatsache. Sie stellt ein Faktum, d. h. eine Tatsache dar, insoweit sie der Ausgangssituation die Wahrscheinlichkeit 1, d. h. vollständige Sicherheit, zuschreibt. Es ist völlig sicher, daß das Elektron sich an dem beobachteten Ort mit der beobachteten Geschwindigkeit bewegt hat. Beobachtet heißt dabei allerdings, beobachtet innerhalb der Genauigkeit des Experimentes. Sie stellt den Grad unserer Kenntnis dar, insofern ein anderer Beobachter vielleicht die Lage des Elektrons noch genauer hätte kennen können. Der experimentelle Fehler oder die Ungenauigkeit des Experimentes kann, wenigstens bis zu einem gewissen Grad, nicht als Eigenschaft des Elektrons betrachtet werden, sondern ist ein Mangel in unserer Kenntnis des Elektrons. Auch dieser Mangel an Kenntnis wird durch die Wahrscheinlichkeitsfunktion ausgedrückt.

In der klassischen Physik muß zwar auch eine sorgfältige Beobachtung die Beobachtungsfehler berücksichtigen. Als Ergebnis bekommt man dann eine Wahrscheinlichkeitsverteilung für die Anfangswerte der Koordinaten und Geschwindigkeiten und daher etwas Ähnliches wie die Wahrscheinlichkeitsfunktionen der Quantenmechanik. Aber die besondere Unsicherheit, die zwangsläufig aus den Unbestimmtheitsrelationen folgt, fehlt in der klassischen Physik.

Sobald in der Quantentheorie die Wahrscheinlichkeitsfunktion zur Anfangszeit aus der Beobachtung bestimmt worden ist, kann man aus den Gesetzen dieser Theorie die Wahrscheinlichkeitsfunktion zu irgendeiner späteren Zeit berechnen, und man kann in dieser Weise im voraus die Wahrscheinlichkeit dafür bestimmen, daß eine Messung einen bestimmten Wert für die zu messende Größe liefert. Man kann z. B. eine Voraussage über die Wahrscheinlichkeit machen, mit der man zu einer späteren Zeit das Elektron an einem bestimmten Punkt der Nebelkammer finden wird. Es muß aber betont werden, daß die Wahrscheinlichkeitsfunktion nicht selbst einen Ablauf von Ereignissen in der Zeit darstellt. Sie stellt etwa eine Tendenz zu Vorgängen, die Möglichkeit für Vorgänge oder unsere Kenntnis von Vorgängen dar. Die Wahrscheinlichkeitsfunktion kann mit der Wirklichkeit nur verbunden werden, wenn eine wesentliche Bedingung erfüllt ist: wenn nämlich eine neue Messung oder Beobachtung gemacht wird, um eine bestimmte Eigenschaft des Systems festzulegen. Nur dann erlaubt die Wahrscheinlichkeitsfunktion, das wahrscheinliche Ergebnis der neuen Messung zu berechnen. Das Ergebnis der Messung wird dabei wieder in den Begriffen der klassischen Physik angegeben.

Daher erfordert die theoretische Deutung eines Experimentes drei deutlich unterschiedene Schritte. Im ersten wird die experimentelle Ausgangssituation in eine Wahrscheinlichkeitsfunktion übersetzt. Im zweiten wird diese Funktion rechnerisch im Laufe der Zeit verfolgt. Im dritten wird eine neue Messung am System vorgenommen, deren zu erwartendes Ergebnis dann aus der Wahrscheinlichkeitsfunktion berechnet werden kann. Für den ersten Schritt ist die Gültigkeit der Unbestimmtheitsrelation eine notwendige Vorbedingung. Der zweite Schritt kann nicht in den Begriffen der klassischen Physik beschrieben werden. Es ist unmöglich, anzugeben, was mit dem System zwischen der Anfangsbeobachtung und der nächsten Messung geschieht. Nur im dritten Schritt kann wieder der Wechsel vom Möglichen zum Faktischen vollzogen werden.

Wir wollen diese drei Schritte an einem einfachen Gedankenexperiment erläutern. Es ist schon gesagt worden, daß das Atom aus einem Atomkern besteht und aus Elektronen, die sich um diesen Kern bewegen. Es ist auch schon festgestellt worden, daß der Begriff einer Elektronenbahn etwas problematisch ist. Gegen die letztere Formulierung kann man zunächst einwenden, daß es doch wenigstens im Prinzip möglich sein sollte, das Elektron in seiner Bahn zu beobachten. Man könnte, so scheint es, das Atom einfach durch ein Mikroskop mit einem sehr hohen Auflösungsvermögen anschauen, dann würde man das Elektron auf seiner Bahn in Bewegung sehen. Allerdings könnte man ein so hohes Auflösungsvermögen nicht mit einem Mikroskop erhalten, das gewöhnliches Licht verwendet; denn die Ungenauigkeit in der Ortsmessung kann in einem solchen Versuch niemals kleiner werden als die Lichtwellenlänge. Aber ein Mikroskop, das γ-Strahlen benützt, mit einer Wellenlänge, die kleiner ist als die Größe des Atoms, müßte zur Beobachtung genügen. Ein solches Mikroskop ist bisher nicht konstruiert worden; aber diese technische Schwierigkeit soll uns nicht davon abhalten, das Gedankenexperiment zu diskutieren.

Ist der erste Schritt, die Übersetzung des Ergebnisses der Beobachtung in eine Wahrscheinlichkeitsfunktion, möglich? Er ist nur möglich, wenn die Unbestimmtheitsrelation nach der Beobachtung erfüllt ist. Der Ort des Elektrons wird mit einer Genauigkeit bekannt sein, die durch die Wellenlänge des γ-Strahls gegeben ist. Nehmen wir an, das Elektron sei vor der Beobachtung praktisch in Ruhe gewesen. In dem Akt der Beobachtung muß mindestens ein Lichtquantum des γ-Strahls durch das Mikroskop durchgegangen und vorher vom Elektron abgelenkt worden sein. Daher hat das Elektron von dem Lichtquant einen Stoß erlitten, es hat seine Bewegungsgröße und seine Geschwindigkeit geändert. Man kann zeigen, daß die Unbestimmtheit dieser Änderung eben groß genug ist, um die Gültigkeit der Unbestimmtheitsrelation nach dem Stoß zu garantieren. Es gibt also keine Schwierigkeiten bei dem ersten Schritt.

Gleichzeitig kann man aber leicht sehen, daß es offenbar nicht möglich ist, die Bahn des Elektrons um den Kern zu beobachten. Denn der zweite Schritt – die rechnerische Verfolgung der Wahrscheinlichkeitsfunktion – zeigt nicht ein Wellenpaket, das sich um den Atomkern herumbewegt, sondern eines, das sich vom Atomkern wegbewegt, da das erste Lichtquant das Elektron schon aus dem Atom herausgeschlagen hat. Die Bewegungsgröße des γ-Quants ist erheblich größer als die ursprüngliche Bewegungsgröße des Elektrons, wenn die Wellenlänge des γ-Strahls viel kleiner ist als die Größe des Atoms. Daher genügt schon das erste Lichtquant, um das Elektron aus dem Atom herauszuschlagen, und man kann nie mehr als einen Punkt der Elektronenbahn beobachten. Man gerät also nicht in Widerspruch mit der Erfahrung, wenn man behauptet: es gibt gar keine Elektronenbahnen im gewöhnlichen Sinne.

Die nächste Beobachtung, der dritte Schritt, wird also das Elektron auf seiner Bahn vom Atom weg zeigen. Es ist ganz allgemein unmöglich, anschaulich zu beschreiben, was zwischen zwei aufeinanderfolgenden Beobachtungen geschieht. Natürlich ist man versucht zu sagen, das Elektron müsse zwischen den beiden Beobachtungen irgendwo gewesen sein, und es müsse irgendeine Art von Bahn oder Weg beschrieben haben – selbst wenn es etwa unmöglich sein sollte, diesen Weg festzustellen. So könnte man in der klassischen Physik vernünftigerweise argumentieren. In der Quantentheorie aber würde es sich dabei um einen

Mißbrauch der Sprache handeln, der, wie wir später sehen werden, nicht gerechtfertigt werden kann. Wir können es hier für den Augenblick offenlassen, ob es sich bei dieser Warnung um eine Aussage über die Art handelt, wie wir über Atomvorgänge sprechen sollen, oder um eine über diese Vorgänge selbst, ob es sich gewissermaßen um Erkenntnistheorie oder um Ontologie handelt. Jedenfalls müssen wir bei der Formulierung einer Aussage, die sich auf das Verhalten atomarer Teilchen bezieht, äußerste Vorsicht üben.

Tatsächlich brauchen wir überhaupt nicht über Teilchen zu sprechen. Bei vielen Experimenten ist es zweckmäßiger, über Materiewellen zu reden, z. B. über die stehenden Schwingungen der Elektronen-Materie um einen Atomkern. Eine solche Beschreibung würde allerdings der anderen Beschreibung widersprechen, wenn man nicht auf die Grenzen achtete, die durch die Unbestimmtheitsrelationen gesetzt sind. Durch diese Begrenzung werden die Widersprüche vermieden. Der Gebrauch des Begriffs Materiewellen ist z. B. dann zweckmäßig, wenn es sich um die Strahlung handelt, die vom Atom emittiert wird. Durch ihre Frequenz und Intensität gibt uns die Strahlung Kunde von der schwingenden Ladungsverteilung im Atom, und an dieser Stelle kommt das Wellenbild der Wahrheit näher als die Teilchenvorstellung. Daher hat Bohr den Gebrauch beider Bilder empfohlen, die er als »komplementär« zueinander bezeichnete. Die beiden Bilder schließen sich natürlich gegenseitig aus, weil eine bestimmte Sache nicht gleichzeitig ein Teilchen (d. h. Substanz, beschränkt auf ein sehr kleines Volumen) und eine Welle (d. h. ein Feld, ausgebreitet über einen großen Raum) sein kann. Aber die beiden

Bilder ergänzen sich; wenn man mit beiden Bildern spielt, indem man von einem Bild zum anderen übergeht und wieder zurück, so erhält man schließlich den richtigen Eindruck von der merkwürdigen Art von Realität, die hinter unseren Atomexperimenten steckt. Bohr gebraucht den Begriff »Komplementarität« in der Deutung der Quantentheorie an verschiedenen Stellen. Die Kenntnis des Ortes eines Teilchens ist komplementär zu der Kenntnis seiner Geschwindigkeit oder seiner Bewegungsgröße. Wenn wir die eine Größe mit großer Genauigkeit kennen, können wir die andere nicht mit hoher Genauigkeit bestimmen, ohne die erste Kenntnis wieder zu verlieren. Aber wir müßten doch beide kennen, um das Verhalten des Systems zu beschreiben. Die raum-zeitliche Beschreibung von Atomvorgängen ist komplementär zu ihrer kausalen oder deterministischen Beschreibung. Die Wahrscheinlichkeitsfunktion genügt einer Bewegungsgleichung, ähnlich wie die für die Koordinaten in der Newtonschen Mechanik. Ihre Änderung im Laufe der Zeit ist durch die quantenmechanischen Gleichungen vollständig bestimmt, aber sie liefert keine raum-zeitliche Beschreibung des Systems. Durch die Beobachtung andererseits wird eine raum-zeitliche Beschreibung erzwungen. Aber sie unterbricht den durch die Rechnung bestimmten Ablauf der Wahrscheinlichkeitsfunktion, indem sie unsere Kenntnis des Systems ändert.

Ganz allgemein kann der Dualismus zwischen zwei verschiedenen Beschreibungen der gleichen Wirklichkeit nicht länger als eine grundsätzliche Schwierigkeit betrachtet werden, da wir aus der mathematischen Formulierung der Theorie wissen, daß es in ihr keine

Widersprüche geben kann. Der Dualismus zwischen den beiden komplementären Bildern, Wellen- und Teilchenbild, wird auch deutlich sichtbar in der Flexibilität des mathematischen Formalismus. Dieser Formalismus wird gewöhnlich so aufgeschrieben, daß er der Newtonschen Mechanik ähnelt, also mit Bewegungsgleichungen für die Koordinaten und die Geschwindigkeiten der Teilchen. Aber durch eine einfache Transformation kann er umgeschrieben werden in eine Wellengleichung für dreidimensionale Materiewellen; nur haben auch diese Wellen den Charakter von »Matrizen« oder »Operatoren«, nicht von einfachen Feldgrößen. Daher hat die Möglichkeit, mit verschiedenen komplementären Bildern zu spielen, ihr Analogon in den verschiedenen Transformationen des mathematischen Formalismus. Sie führt in der Kopenhagener Deutung der Quantentheorie nicht zu irgendwelchen Schwierigkeiten.

Ein Hemmnis für das Verständnis dieser Deutung ergibt sich allerdings stets, wenn man die bekannte Frage stellt: Aber was geschieht denn »wirklich« in einem Atomvorgang? Zunächst ist schon vorher gesagt worden, daß man die Messung und die Ergebnisse der Beobachtung stets in den Begriffen der klassischen Physik beschreiben muß. Was man aus der Beobachtung entnimmt, ist aber eine Wahrscheinlichkeitsfunktion, also ein mathematischer Ausdruck, der Aussagen vereinigt über »Möglichkeiten« oder »Tendenzen« mit Aussagen über unsere Kenntnis von Tatsachen. Daher können wir das Ergebnis einer Beobachtung nicht vollständig objektivieren. Wir können nicht beschreiben, was zwischen dieser Beobachtung und der nächsten »passiert«. Es sieht zunächst so aus, als hätten wir damit ein subjektives Element in die Theorie eingeführt, so als wollten wir sagen: das, was geschieht, hängt davon ab, wie wir das Geschehen beobachten, oder wenigstens von der Tatsache, daß wir es beobachten. Bevor wir diesen Einwand erörtern, ist es notwendig, ganz genau zu erklären, warum man in die allergrößten Schwierigkeiten geriete, wenn man versuchen wollte, zu beschreiben, was zwischen zwei aufeinanderfolgenden Beobachtungen geschieht.

Es ist hier zweckmäßig, das folgende Gedankenexperiment zu diskutieren. Nehmen wir an, daß eine kleine monochromatische Lichtquelle Licht ausstrahlt auf einen schwarzen Schirm, der zwei kleine Löcher hat. Die Durchmesser der Löcher brauchen nicht viel größer zu sein als die Wellenlänge des Lichtes, aber ihr Abstand soll erheblich größer sein. In einigem Abstand hinter dem Schirm soll eine photographische Platte das ankommende Licht auffangen. Wenn man dieses Experiment in den Begriffen des Wellenbildes beschreibt, so sagt man, daß die Primärwelle durch die beiden Löcher dringt. Es wird also zwei sekundäre Kugelwellen geben, die von den Löchern ihren Ausgang nehmen und die miteinander interferieren. Die Interferenz wird ein Muster stärkerer und schwächerer Intensitäten, die sogenannten Interferenzstreifen, auf der photographischen Platte hervorbringen.

Die Schwärzung der photographischen Platte ist im Quantenprozeß ein chemischer Vorgang, der durch einzelne Lichtquanten hervorgerufen wird. Daher muß man das Experiment auch in der Lichtquantenvorstellung beschreiben können. Wenn es nun erlaubt wäre, darüber zu sprechen, was dem einzelnen Lichtquant zwischen seiner Emission von der Lichtquelle und seiner Absorption in der photographischen Platte passiert, so könnte man in der folgenden Weise argumentieren. Das einzelne Lichtquant kann entweder durch das erste oder durch das zweite Loch gehen. Wenn es durch das erste Loch geht und dort gestreut wird, so ist die Wahrscheinlichkeit dafür, daß es später an einem bestimmten Punkt der photographischen Platte absorbiert wird, davon unabhängig, ob das zweite Loch geschlossen oder offen ist. Die Wahrscheinlichkeitsverteilung auf der Platte muß die gleiche sein, als wenn nur das erste Loch offen wäre. Wenn man das Experiment viele Male wiederholt und alle die Fälle zusammenfaßt, in denen das Lichtquant durch das erste Loch gegangen ist, so sollte die Schwärzung der photographischen Platte dieser Wahrscheinlichkeitsverteilung entsprechen. Wenn man nur die Lichtquanten betrachtet, die durch das zweite Loch gegangen sind, so sollte die Schwärzungsverteilung jener Wahrscheinlichkeitsverteilung entsprechen, die man aus der Annahme erhält, daß nur das zweite Loch offen war. Die Gesamtschwärzung sollte also genau die Summe der Schwärzungen in beiden Fällen sein; in anderen Worten, es sollte keine Interferenzstreifen geben. Aber wir wissen, daß dies falsch ist, und das Experiment wird zweifellos die Interferenzstreifen zeigen. Daraus erkennt man, daß die Aussage, das Lichtquant müsse entweder durch das eine oder durch das andere Loch gegangen sein, problematisch ist und zu Widersprüchen führt. Man erkennt aus diesem Beispiel deutlich, daß der Begriff der Wahrscheinlichkeitsfunktion nicht eine raum-zeitliche Beschreibung dessen erlaubt, was zwischen zwei Beobachtungen geschieht. Jeder Versuch, eine solche Beschreibung zu finden, würde zu Widersprüchen führen. Dies bedeutet, daß schon der Begriff »Geschehen« auf die Beobachtung beschränkt werden muß.

Das ist allerdings ein sehr merkwürdiges Resultat, das zu zeigen scheint, daß die Beobachtung eine entscheidende Rolle bei dem Vorgang spielt und daß die Wirklichkeit verschieden ist, je nachdem, ob wir sie beobachten oder nicht. Um diesen Punkt deutlicher zu machen, müssen wir den Beobachtungsprozeß noch etwas genauer analysieren.

Zunächst ist es an dieser Stelle wichtig, sich daran zu erinnern, daß wir uns in der Naturwissenschaft nicht für das Universum als Ganzes, das uns selbst einschließt, interessieren, sondern daß wir unsere Aufmerksamkeit auf gewisse Teile des Universums richten und zum Gegenstand unseres Studiums machen. In der Atomphysik ist dieser Teil gewöhnlich ein sehr kleiner Gegenstand, nämlich ein atomares Teilchen oder eine Gruppe solcher Teilchen, manchmal ist er auch größer; auf die Größe kommt es hier nicht an. Wohl aber ist es wichtig, daß ein großer Teil des Universums, der uns selbst einschließt, nicht mit zum »Gegenstand« gehört.

Die theoretische Deutung eines Experimentes beginnt mit den beiden Schritten, über die gesprochen worden ist. Beim ersten Schritt müssen wir die Anordnung des Experimentes, eventuell verbunden mit einer ersten Beobachtung in den Begriffen der klassischen Physik beschreiben, und wir müssen diese Beschreibung in eine Wahrscheinlichkeitsfunktion übersetzen. Diese Wahrscheinlichkeitsfunktion genügt dann den Gesetzen der Quantentheorie, und ihre Änderung im Laufe der Zeit, die kontinuierlich erfolgt, kann aus den Anfangsbedingungen berechnet werden. Darin besteht der zweite Schritt. Die Wahrscheinlichkeitsfunktion vereinigt objektive und subjektive Elemente. Sie enthält Aussagen über Wahrscheinlichkeiten oder besser Tendenzen (Potentia in der aristotelischen Philosophie), und diese Aussagen sind völlig objektiv, sie hängen nicht von irgendeinem Beobachter ab. Außerdem enthält sie Aussagen über unsere Kenntnis des Systems, die natürlich subjektiv sein müssen, insofern sie ja für verschiedene Beobachter verschieden sein können. In besonders günstigen Fällen kann das subjektive Element in der Wahrscheinlichkeitsfunktion gegenüber dem objektiven Element ganz vernachlässigt werden. Die Physiker sprechen dann von einem »reinen Fall«.

Wenn wir jetzt zur nächsten Beobachtung kommen, deren Resultat aus der Theorie vorhergesagt werden sollte, so ist es wichtig, sich darüber klarzuwerden, daß der Gegenstand vor oder wenigstens im Moment der Beobachtung in Wechselwirkung stehen muß mit dem übrigen Teil der Welt, nämlich mit der experimentellen Anordnung, den Maßstäben und so weiter. Das bedeutet, daß die Bewegungsgleichung für die Wahrscheinlichkeitsfunktion jetzt den Einfluß berücksichtigen muß, den die Wechselwirkung mit den Meßanordnungen auf das System ausübt. Dieser Einfluß bringt ein neues Element von Unbestimmtheit mit sich. Denn die Meßanordnung muß ja in den Begriffen der klassischen Physik beschrieben werden; eine solche Beschreibung aber enthält alle Unsicherheiten bezüglich der mikroskopischen Struktur der Anordnung, die wir schon von der Thermodynamik her kennen. Da die Anordnung außerdem mit dem Rest der

Welt verbunden sein muß, enthält sie tatsächlich die Unsicherheiten der mikroskopischen Struktur der ganzen Welt. Diese Unsicherheiten kann man objektiv nennen, insofern sie ja einfach die Folge davon sind, daß wir das Experiment in den Begriffen der klassischen Physik beschreiben; sie hängen in den Einzelheiten nicht vom Beobachter ab. Man kann sie subjektiv nennen, insofern sie unsere unvollständige Kenntnis der Welt bezeichnen.

Nachdem die Wechselwirkung stattgefunden hat, enthält die Wahrscheinlichkeitsfunktion das objektive Element der »Tendenz« oder der »Möglichkeit« und das subjektive Element der unvollständigen Kenntnis, selbst dann, wenn es sich zunächst um einen »reinen Fall« gehandelt hatte. Eben aus diesem Grunde kann das Ergebnis einer Beobachtung im allgemeinen nicht mit Sicherheit vorhergesagt werden. Was man vorhersagen kann, ist die Wahrscheinlichkeit für ein bestimmtes Ergebnis der Beobachtung, und diese Aussage über die Wahrscheinlichkeit kann nachgeprüft werden, indem man das Experiment viele Male wiederholt. Die Wahrscheinlichkeitsfunktion beschreibt, anders als das mathematische Schema der Newtonschen Mechanik, nicht einen bestimmten Vorgang, sondern, wenigstens hinsichtlich des Beobachtungsprozesses, eine Gesamtheit von möglichen Vorgängen.

Die Beobachtung selbst ändert die Wahrscheinlichkeitsfunktion unstetig. Sie wählt von allen möglichen Vorgängen den aus, der tatsächlich stattgefunden hat. Da sich durch die Beobachtung unsere Kenntnis des Systems unstetig geändert hat, hat sich auch ihre mathematische Darstellung unstetig geändert, und wir sprechen daher von einem »Quantensprung«. Wenn man aus dem alten Spruch »Natura non facit saltus« eine Kritik der Quantentheorie ableiten wollte, so können wir antworten, daß sich unsere Kenntnis doch sicher plötzlich ändern kann und daß eben diese Tatsache, die unstetige Änderung unserer Kenntnis, den Gebrauch des Begriffs »Quantensprung« rechtfertigt.

Der Übergang vom Möglichen zum Faktischen findet also während des Beobachtungsaktes statt. Wenn wir beschreiben wollen, was in einem Atomvorgang geschieht, so müssen wir davon ausgehen, daß das Wort »geschieht« sich nur auf die Beobachtung beziehen kann, nicht auf die Situation zwischen zwei Beobachtungen. Es bezeichnet dabei den physikalischen, nicht den psychischen Akt der Beobachtung, und wir können sagen, daß der Übergang vom Möglichen zum Faktischen stattfindet, sobald die Wechselwirkung des Gegenstandes mit der Meßanordnung und dadurch mit der übrigen Welt ins Spiel gekommen ist. Der Übergang ist nicht verknüpft mit der Registrierung des Beobachtungsergebnisses im Geiste des Beobachters. Die unstetige Änderung der Wahrscheinlichkeitsfunktion findet allerdings statt durch den Akt der Registrierung; denn hier handelt es sich um die unstetige Änderung unserer Kenntnis im Moment der Registrierung, die durch die unstetige Änderung der Wahrscheinlichkeitsfunktion abgebildet wird.

Inwieweit sind wir also schließlich zu einer objektiven Beschreibung der Welt, besonders der Atomvorgänge, gekommen? Die klassische Physik beruhte auf der Annahme – oder sollten wir sagen auf der Illusion? –, daß wir die Welt beschreiben können oder wenigstens Teile der Welt beschreiben können, ohne von uns selbst zu sprechen. Das ist tatsächlich in weitem Umfang möglich. Wir wissen z. B., daß es die Stadt London gibt, unabhängig davon, ob wir sie sehen oder nicht sehen. Man kann sagen, daß die klassische Physik eben die Idealisierung der Welt darstellt, in der wir über die Welt oder über ihre Teile sprechen, ohne dabei auf uns selbst Bezug zu nehmen. Ihr Erfolg hat zu dem allgemeinen Ideal einer objektiven Beschreibung der Welt geführt. Objektivität gilt seit langem als das oberste Kriterium für den Wert eines wissenschaftlichen Resultats. Entspricht die Kopenhagener Deutung der Quantentheorie noch diesem Ideal? Man darf vielleicht sagen, daß die Quantentheorie diesem Ideal soweit wie möglich entspricht. Sicher enthält die Quantentheorie keine eigentlich subjektiven Züge, sie führt nicht den Geist oder das Bewußtsein des Physikers als einen Teil des Atomvorgangs ein. Aber sie beginnt mit der Einteilung der Welt in den Gegenstand und die übrige Welt und mit der Tatsache, daß wir jedenfalls diese übrige Welt mit den klassischen Begriffen beschreiben müssen. Diese Einteilung ist in gewisser Weise willkürlich und historisch eine unmittelbare Folge der in den vergangenen Jahrhunderten geübten naturwissenschaftlichen Methode. Der Gebrauch der klassischen Begriffe ist also letzten Endes eine Folge der allgemeinen geistigen Entwicklung der Menschheit. Aber in dieser Weise nehmen wir doch schon auf uns selbst Bezug, und insofern kann man unsere Beschreibung nicht vollständig objektiv nennen.

Es ist zu Anfang gesagt worden, daß die Kopenhagener Deutung der Quantentheorie mit einem Paradoxon beginnt. Sie fängt mit der Tatsache an, daß wir unsere Experimente mit den Begriffen der klassischen Physik beschreiben müssen und gleichzeitig mit der Erkenntnis, daß diese Begriffe nicht genau auf die Natur passen. Die Spannung zwischen diesen beiden Ausgangspunkten ist für den statistischen Charakter der Quantentheorie verantwortlich. Es ist daher gelegentlich vorgeschlagen worden, man solle die klassischen Begriffe vollständig aufgeben. Vielleicht könnte eine radikale Änderung unserer Begriffe bei der Beschreibung der Experimente zu einer nichtstatistischen, völlig objektiven Beschreibung der Natur zurückführen.

Dieser Vorschlag beruht aber auf einem Mißverständnis. Die Begriffe der klassischen Physik sind nur eine Verfeinerung der Begriffe des täglichen Lebens und bilden einen wesentlichen Teil der Sprache, die die Voraussetzung für alle Naturwissenschaft bildet. Unsere wirkliche Lage in der Naturwissenschaft ist so, daß wir tatsächlich die klassichen Begriffe für die Beschreibung unserer Experimente benützen und benützen müssen, denn sonst können wir uns nicht verständigen. Und die Aufgabe der Quantentheorie bestand eben darin, die Experimente auf dieser Grundlage theoretisch zu deuten. Es hat keinen Sinn, zu erörtern, was getan werden könnte, wenn wir andere Wesen wären, als wir wirklich sind. An dieser Stelle müssen wir uns darüber klarwerden, daß, wie von Weizsäcker es formuliert hat, »die Natur früher ist als der Mensch, aber der Mensch früher als die Naturwissenschaft«. Der erste Teil des Satzes rechtfertigt die klassische Physik mit ihrem Ideal der vollständigen Objektivität. Der zweite Teil erklärt uns, warum wir dem Paradoxon der Quantentheorie nicht entgehen können; warum wir nämlich nicht der Notwendigkeit entgehen können, die klassischen Begriffe zu verwenden.

Vielleicht sollten hier einige Anmerkungen angefügt werden über das tatsächliche Verfahren bei der quantentheoretischen Deutung von Atomvorgängen. Es war gesagt worden, daß wir immer anfangen müssen mit einer Einteilung der Welt in einen Gegenstand, den wir studieren wollen, und in die übrige Welt, zu der wir auch selbst gehören, und daß diese Einteilung bis zu einem gewissen Grade willkürlich sei. Tatsächlich sollte es keinen Unterschied im Endergebnis machen, wenn wir z. B. einen Teil unserer Meßanordnung oder die ganze Meßanordnung mit zum »Gegenstand« rechnen und die Gesetze der Quantentheorie auf diesen viel komplizierteren Gegenstand anwenden wollten. Man kann zeigen, daß eine solche Abänderung der theoretischen Behandlung die Voraussagen über das Ergebnis eines gegebenen Experiments nicht ändern würde. Mathematisch folgt daraus, daß die Gesetze der Quantentheorie für die Erscheinungen, in denen die Plancksche Konstante als eine sehr kleine Größe angesehen werden darf, nahezu identisch sind mit den klassischen Gesetzen. Aber es wäre ein Fehler, zu glauben, daß man durch diese Anwendung der quantentheoretischen Gesetze das fundamentale Paradoxon der Quantentheorie vermeiden könnte.

Denn die Meßanordnung verdient diesen Namen ja nur, wenn sie in enger Berührung steht mit der übrigen Welt, wenn es eine physikalische Wechselwirkung zwischen der Meßanordnung und dem Beobachter gibt. Die Unsicherheit über das mikroskopische Verhalten der Welt wird also in die quantentheoretische Beschreibung des Systems hier genauso wie in der ersten Deutung eindringen. Wenn die Meßanordnung von der übrigen Welt isoliert wäre, dann würde sie keine Meßanordnung mehr genannt werden können, und sie könnte nicht mehr in den Begriffen der klassischen Physik beschrieben werden.

An dieser Stelle hat Bohr betont, daß es vielleicht in mancher Weise richtiger sei, zu sagen, daß die Einteilung in den Gegenstand und die übrige Welt nicht willkürlich ist. Unsere tatsächliche Lage bei der Untersuchung eines atomaren Vorganges ist gewöhnlich die folgende: Wir wollen ein bestimmtes Phänomen verstehen, wir wollen erkennen, wie dieses Phänomen aus den allgemeinen Naturgesetzen folgt. Daher ist der Teil der Materie oder Strahlung, der an der Erscheinung teilnimmt, der natürliche »Gegenstand« in der theoretischen Behandlung und sollte in dieser Hinsicht von den Werkzeugen getrennt werden, die man benützt, um die Erscheinungen zu studieren. Damit wird wieder ein subjektives Element in der Beschreibung der atomaren Vorgänge hervorgehoben, denn die Meßanordnung ist ja vom Beobachter konstruiert worden; und wir müssen uns daran erinnern, daß das, was wir beobachten, nicht die Natur selbst ist, sondern Natur, die unserer Art der Fragestellung ausgesetzt ist. Unsere wissenschaftliche Arbeit in der Physik besteht darin, Fragen über die Natur zu stellen in der Sprache, die wir besitzen, und zu versuchen, eine Antwort zu erhalten durch Experimente, die wir mit den Mitteln ausführen, die zu unserer Verfügung stehen. In dieser Weise erinnert uns, wie Bohr es ausgedrückt hat, die Quantentheorie daran, daß man beim Suchen nach der Harmonie im Leben niemals vergessen darf, daß wir im Schauspiel des Lebens gleichzeitig Zuschauer und Mitspielende sind. Es ist verständlich, daß in unserer wissenschaftlichen Beziehung zur Natur unsere eigene Tätigkeit dort sehr wichtig wird, wo wir es mit den Teilen der Natur zu tun bekommen, in die wir nur durch die kompliziertesten technischen Hilfsmittel eindringen können.

Quantenmechanik und Kantsche Philosophie

Mein neuer Leipziger Kreis erweiterte sich in jenen Jahren rasch. Hochbegabte junge Menschen aus den verschiedensten Ländern stießen zu uns, um an der Entwicklung der Quantenmechanik teilzunehmen oder sie auf die Struktur der Materie anzuwenden. Und diese aktiven, allem Neuen aufgeschlossenen Physiker bereicherten unsere Diskussionen im Seminar und erweiterten fast von Monat zu Monat den Raum, der durch die neuen Gedanken erschlossen werden konnte. Der Schweizer Felix Bloch begründete das Verständnis der elektrischen Eigenschaften der Metalle, Landau aus Rußland und Peierls diskutierten über die mathematischen Probleme der Quantenelektrodynamik, Friedrich Hund entwickelte die Theorie der chemischen Bindung, Edward Teller berechnete optische Eigenschaften von Molekülen. Im Alter von knapp 18 Jahren trat Carl Friedrich von Weizsäcker dieser Gruppe bei und brachte eine philosophische Note in ihre Gespräche; obwohl er Physik studierte, war deutlich zu spüren, daß er immer dann, wenn durch unsere physikalischen Probleme im Seminar Fragen der Philosophie oder der Erkenntnistheorie aufgeworfen wurden, besonders aufmerksam und gespannt zuhörte und unter starker innerer Beteiligung mitdiskutierte.

Eine besondere Gelegenheit zu philosophischen Gesprächen ergab sich dann ein oder zwei Jahre später, als eine junge Philosophin, Grete Hermann, nach

Leipzig kam, um sich mit den Atomphysikern über deren philosophische Behauptungen auseinanderzusetzen – Behauptungen, von deren Unrichtigkeit sie zunächst fest überzeugt war. Grete Hermann hatte im Kreis um den Göttinger Philosophen Nelson studiert und mitgearbeitet, und sie war dort in den Gedankengängen der Kantschen Philosophie aufgewachsen, so wie sie von dem Philosophen und Naturforscher Fries am Anfang des 19. Jahrhunderts interpretiert worden war. Es gehörte zu den Forderungen der Friesschen Schule und damit auch des Nelsonschen Kreises, daß philosophische Überlegungen den gleichen Grad von Strenge haben müßten, wie ihn sonst nur die moderne Mathematik verlangt. Mit diesem Grad von Strenge glaubte nun Grete Hermann nachweisen zu können, daß an dem Kausalgesetz – in der Form, die ihm Kant gegeben hat – nicht gerüttelt werden könne. Die neue Quantenmechanik aber stellte diese Form des Kausalgesetzes doch in gewisser Weise in Frage, und die junge Philosophin war entschlossen, diesen Kampf bis zum Ende auszufechten.

Unser erstes Gespräch, in dem sie mit Carl Friedrich von Weizsäcker und mir diskutierte, könnte sie etwa mit folgender Überlegung begonnen haben:

»In der Philosophie Kants ist das Kausalgesetz doch nicht eine empirische Behauptung, die durch die Erfahrung begründet oder auch widerlegt werden könnte, sondern es ist umgekehrt die Voraussetzung für alle Erfahrung, es gehört zu jenen Denkkategorien, die Kant ›a priori‹ nennt. Die Sinneseindrücke, mit denen wir die Welt aufnehmen, wären ja nichts als ein subjektives Spiel von Empfindungen, denen kein Objekt entspräche, wenn es nicht eine Regel gäbe, nach der die Eindrücke aus einem vorhergehenden Vorgang folgen. Diese Regel, nämlich die eindeutige Verknüpfung von Ursache und Wirkung, muß also schon vorausgesetzt werden, wenn man die Wahrnehmungen objektivieren will, wenn man behaupten will, daß man etwas – ein Ding oder einen Vorgang – erfahren habe. Die Naturwissenschaft andererseits handelt von Erfahrungen, und zwar gerade von objektiven Erfahrungen; nur solche Erfahrungen, die auch von anderen kontrolliert werden können, die in diesem präzisen Sinne objektiv sind, können den Gegenstand der Naturwissenschaft bilden. Daraus folgt doch zwangsläufig, daß alle Naturwissenschaft das Kausalgesetz voraussetzen muß, daß es nur soweit Naturwissenschaft geben kann, wie es auch Kausalgesetz gibt. Das Kausalgesetz ist also gewissermaßen ein Werkzeug unseres Denkens, mit dem wir versuchen, das Rohmaterial unserer Sinneseindrücke zu Erfahrung zu verarbeiten. Und nur in dem Umfang, in dem dies gelingt, besitzen wir auch einen Gegenstand für die Naturwissenschaft. Wie kann es also sein, daß die Quantenmechanik dieses Kausalgesetz auflockern will und doch gleichzeitig Naturwissenschaft bleiben möchte?«

Ich mußte nun versuchen, zunächst die Erfahrungen zu schildern, die zur statistischen Deutung der Quantentheorie geführt hatten.

»Nehmen wir an, wir hätten es mit einem einzelnen Atom der Sorte Radium B zu tun. Es ist zwar sicher leichter mit vielen solchen Atomen auf einmal, das heißt mit einer kleinen Menge Radium B, zu experimentieren als mit einem einzelnen Atom, aber prinzipiell gibt es wohl kein Hindernis, auch das Verhalten eines einzelnen solchen Atoms zu untersuchen. Dann wissen wir also, über kurz oder lang wird das Radium B-Atom in irgendeiner Richtung ein Elektron aussenden und damit in ein Radium C-Atom übergehen. Im Mittel wird das nach einer knappen halben Stunde geschehen, aber das Atom kann sich ebensogut schon nach Sekunden oder erst nach Tagen umwandeln. Im Mittel heißt dabei, wenn wir es mit vielen Radium B-Atomen zu tun haben, dann wird nach einer halben Stunde ungefähr die Hälfte umgewandelt sein. Aber wir können, und darin äußert sich eben ein gewisses Versagen des Kausalgesetzes, beim einzelnen Radium B-Atom keine Ursache dafür angeben, daß es gerade jetzt und nicht früher oder später zerfällt, daß es gerade in dieser Richtung und nicht in einer anderen das Elektron aussendet. Und wir sind aus vielen Gründen überzeugt, daß es auch keine solche Ursache gibt.«

»Eben an dieser Stelle«, entgegnete Grete Hermann, »könnte doch der Fehler der heutigen Atomphysik liegen. Aus der Tatsache, daß man für ein bestimmtes Ereignis noch keine Ursache gefunden hat, kann doch unmöglich gefolgert werden, daß es auch keine Ursache gibt. Ich würde daraus nur schließen, daß hier noch eine ungelöste Aufgabe vorliegt, das heißt, daß die Atomphysiker weiter suchen sollen, bis sie die Ursache gefunden haben. Die Kenntnis, die sie vom Zustand des Radium B-Atoms vor der Aussendung des Elektrons haben, ist bisher offenbar unvollständig, denn sonst müßte man ja bestimmen können, wann und in welcher Richtung das Elektron ausgesandt werden soll. Man muß also weitersuchen, bis man eine vollständige Kenntnis erworben hat.«

»Nein, wir halten diese Kenntnis für vollständig«,

versuchte ich weiter zu erklären. »Denn aus anderen Experimenten, die wir auch mit diesem Radium B-Atom anstellen könnten, geht hervor, daß es keine weiteren Bestimmungsstücke dieses Atoms geben kann als jene, die wir schon kennen. Ich will das genauer auseinandersetzen: Wir haben eben festgestellt, daß man nicht weiß, in welcher Richtung das Elektron ausgesandt werden wird, und Sie haben geantwortet, also müsse man weiter nach Bestimmungsstücken suchen, die diese Richtung determinieren. Aber nehmen wir weiter an, wir hätten solche Bestimmungsstücke gefunden, so geraten wir in folgende Schwierigkeit. Das auszusendende Elektron kann ja auch als eine Materiewelle aufgefaßt werden, die vom Atomkern ausgestrahlt wird. Eine solche Welle kann Interferenzerscheinungen auslösen. Nehmen wir ferner an, daß die Teile der Welle, die zunächst vom Atomkern in entgegengesetzten Richtungen ausgesandt werden, in einer dazu eingerichteten Apparatur zur Interferenz gebracht werden und daß als Folge des Apparates danach in einer bestimmten Richtung Auslöschung eintritt. Das würde bedeuten, daß mit Sicherheit vorhergesagt werden kann, daß das Elektron schließlich nicht in dieser Richtung ausgesandt werden wird. Wenn wir aber neue Bestimmungsstücke kennengelernt hätten, aus denen hervorginge, daß das Elektron zunächst vom Atomkern in einer ganz bestimmten Richtung ausgesandt werden wird, so würde die Interferenzerscheinung ja gar nicht zustande kommen können. Die Auslöschung durch Interferenz würde nicht eintreten, und der vorher gezogene Schluß könnte nicht aufrecht erhalten werden. Tatsächlich aber wird die Auslöschung experimentell beobachtet werden. Die

Natur teilt uns also mit, daß es die umstrittenen Bestimmungsstücke gar nicht gibt, daß unsere Kenntnis schon ohne neue Bestimmungsstücke vollständig ist.«

»Aber das ist ja fürchterlich«, meinte Grete Hermann. »Auf der einen Seite sagen Sie, unsere Kenntnis des Radium B-Atoms sei unvollständig, denn wir wissen nicht, wann und in welcher Richtung das Elektron ausgesandt werden wird; auf der anderen Seite sagen Sie, die Kenntnis sei vollständig, denn wenn es noch weitere Bestimmungsstücke gäbe, würden wir in Widerspruch zu gewissen anderen Experimenten geraten. Aber unsere Kenntnis kann doch nicht gleichzeitig vollständig und unvollständig sein. Das ist doch einfach Unsinn.«

Carl Friedrich fing nun an, die Voraussetzungen der Kantschen Philosophie etwas genauer zu analysieren: »Der scheinbare Widerspruch«, sagte er, »der hier vorliegt, kommt wohl dadurch zustande, daß wir in dem, was wir sagen, so tun, als ob man von einem Radium B-Atom ›an sich‹ sprechen könnte. Das ist aber nicht selbstverständlich und eigentlich auch nicht richtig. Schon bei Kant ist das ›Ding an sich‹ ja ein problematischer Begriff. Kant weiß, daß man vom ›Ding an sich‹ nichts aussagen kann; gegeben sind uns nur Objekte der Wahrnehmung. Aber Kant nimmt an, daß man diese Objekte der Wahrnehmung sozusagen nach dem Modell eines ›Dinges an sich‹ verknüpfen oder ordnen kann. Er setzt also eigentlich jene Struktur der Erfahrung als a priori gegeben voraus, an die wir uns im täglichen Leben gewöhnt haben und die in präziser Form die Grundlage der klassischen Physik bildet. Die Welt besteht nach dieser Auffassung aus

Dingen im Raum, die sich in der Zeit verändern, aus Vorgängen, die aufeinander nach einer Regel folgen. Aber in der Atomphysik haben wir gelernt, daß sich die Wahrnehmungen nicht mehr nach dem Modell des ›Dinges an sich‹ verknüpfen oder ordnen lassen. Daher gibt es auch kein Radium B-Atom ›an sich‹.«

Grete Hermann unterbrach ihn: »Die Art, wie Sie den Begriff ›Ding an sich‹ benützen, scheint mir nicht genau dem Geist der Kantschen Philosophie zu entsprechen. Sie müssen deutlich unterscheiden zwischen dem Ding an sich und dem physikalischen Gegenstand. Das Ding an sich tritt nach Kant in der Erscheinung überhaupt nicht auf, auch nicht indirekt. Dieser Begriff hat in der Naturwissenschaft und in der ganzen theoretischen Philosophie nur die Funktion, dasjenige zu bezeichnen, worüber man schlechterdings nichts wissen kann. Denn unser ganzes Wissen ist auf Erfahrung angewiesen, und Erfahrung bedeutet gerade, Dinge so kennen, wie sie uns erscheinen. Auch die Erkenntnis a priori geht nicht auf ›Dinge, wie sie an sich sein mögen‹, denn ihre einzige Funktion ist, Erfahrung möglich zu machen. Wenn Sie im Sinne der klassischen Physik vom Radium B-Atom ›an sich‹ sprechen, so meinen Sie damit also eher das, was Kant einen Gegenstand oder ein Objekt nennt. Objekte sind Teile der Welt der Erscheinung: Stühle und Tische, Sterne und Atome.«

»Auch wenn man sie gar nicht sieht, wie zum Beispiel die Atome?«

»Auch dann, denn wir erschließen sie aus der Erscheinung. Die Welt der Erscheinung ist ein zusammenhängendes Gefüge, und es ist ohnehin, selbst in der alltäglichen Wahrnehmung, nicht möglich, scharf zwischen dem zu unterscheiden, was man unmittelbar sieht und dem, was man nur erschließt. Sie sehen diesen Stuhl; seine Rückseite sehen Sie jetzt gerade nicht, aber Sie nehmen sie doch mit derselben Sicherheit an wie die Vorderseite, die Sie sehen. Das heißt eben, daß Naturwissenschaft objektiv ist; sie ist objektiv, weil sie nicht von Wahrnehmungen, sondern von Objekten redet.«

»Aber vom Atom sehen wir weder die Vorder- noch die Rückseite. Warum soll es dieselben Eigenschaften haben wie Stühle und Tische?«

»Weil es ein Objekt ist. Ohne Objekte keine objektive Wissenschaft. Und was Objekte sind, ist durch die Kategorien Substanz, Kausalität usw. bestimmt. Wenn Sie auf die strenge Anwendung dieser Kategorien verzichten, so verzichten Sie auf die Möglichkeit von Erfahrung überhaupt.«

Aber Carl Friedrich wollte nicht lockerlassen. »Es handelt sich in der Quantentheorie um eine neue Art, die Wahrnehmungen zu objektivieren, auf die Kant noch nicht hat verfallen können. Jede Wahrnehmung bezieht sich auf eine Beobachtungssituation, die angegeben werden muß, wenn aus Wahrnehmung auch Erfahrung folgen soll. Das Ergebnis der Wahrnehmungen läßt sich nicht mehr in der gleichen Weise objektivieren, wie das in der klassischen Physik möglich war. Wenn ein Experiment gemacht worden ist, aus dem geschlossen werden kann, daß hier und jetzt ein Radium B-Atom vorhanden sei, so ist die damit erworbene Kenntnis vollständig für diese Beobachtungssituation; aber für eine andere Beobachtungssituation, die etwa Aussagen über ein ausgesandtes Elektron zuläßt, ist sie nicht mehr vollständig. Wenn zwei verschiedene Beobachtungssituationen in dem Verhältnis zueinander stehen, das von Bohr komplementär genannt worden ist, so bedeutet eine vollständige Kenntnis für die eine Beobachtungssituation zugleich eine unvollständige Kenntnis für die andere.«

»Und damit wollen Sie die ganze Kantsche Analyse der Erfahrung zerstören?«

»Nein, das wäre meiner Ansicht nach gar nicht möglich. Kant hat ja sehr genau beobachtet, wie Erfahrung wirklich gewonnen wird, und ich glaube, daß seine Analyse im wesentlichen richtig ist. Aber wenn Kant die Anschauungsformen Raum und Zeit und die Kategorie Kausalität als ›a priori‹ zur Erfahrung bezeichnet, so begibt er sich damit in die Gefahr, sie gleichzeitig absolut zu setzen und zu behaupten, daß sie auch inhaltlich in beliebigen physikalischen Theorien der Erscheinungen in gleicher Form auftreten müßten. Dies ist aber nicht der Fall, wie durch Relativitätstheorie und Quantentheorie erwiesen wird. Trotzdem hat Kant in einer Weise vollständig recht: Die Experimente, die der Physiker anstellt, müssen zunächst immer in der Sprache der klassischen Physik beschrieben werden, da es anders gar nicht möglich wäre, dem anderen Physiker mitzuteilen, was gemessen worden ist. Und erst dadurch wird der andere in die Lage versetzt, die Ergebnisse zu kontrollieren. Das Kantsche ›a priori‹ wird also in der modernen Physik keineswegs beseitigt, aber es wird in einer gewissen Weise relativiert. Die Begriffe der klassischen Physik, das heißt auch die Begriffe ›Raum‹, ›Zeit‹, ›Kausalität‹, sind in dem Sinn a priori zur Relativitätstheorie und Quantentheorie, als sie bei der Beschreibung der Experimente verwendet werden müssen – oder sagen wir vorsichtiger, tatsächlich verwendet werden. Aber inhaltlich werden sie in diesen neuen Theorien doch modifiziert.«

»Mit alledem habe ich doch noch keine ganz klare Antwort auf meine Ausgangsfrage erhalten«, sagte Grete Hermann. »Ich wollte doch wissen, warum wir dort, wo wir noch keine Ursachen gefunden haben, die zur Vorausberechnung eines Ereignisses, zum Beispiel des Aussendens eines Elektrons, genügen, nicht weiter suchen sollen. Sie wollen dieses Suchen ja auch nicht einfach verbieten; aber Sie sagen, dieses Suchen kann zu nichts führen, da es keine weiteren Bestimmungsstücke geben kann; denn gerade die mathematisch präzis formulierbare Unbestimmtheit gibt für eine andere Versuchsanordnung zu bestimmten Voraussagen Anlaß. Und auch dies wird von den Experimenten bestätigt. Wenn man so redet, so erscheint die Unbestimmtheit gewissermaßen als eine physikalische Realität, sie erhält einen objektiven Charakter, während doch gewöhnlich Unbestimmtheit einfach als Unkenntnis interpretiert wird und insofern etwas rein Subjektives ist.«

Hier versuchte ich wieder in das Gespräch einzugreifen und sagte: »Damit haben Sie genau den charakteristischen Zug der heutigen Quantentheorie beschrieben. Wenn wir aus den atomaren Erscheinungen auf Gesetzmäßigkeiten schließen wollen, so stellt sich heraus, daß wir nicht mehr objektive Vorgänge in Raum und Zeit gesetzmäßig verknüpfen können, sondern – um einen vorsichtigeren Ausdruck zu gebrauchen – Beobachtungssituationen. Nur für diese erhalten wir empirische Gesetzmäßigkeiten. Die mathematischen Symbole, mit denen wir eine solche Beobachtungssituation beschreiben, stellen eher das Mögliche als das Faktische dar. Vielleicht könnte man sagen, sie stellen ein Zwischending zwischen Möglichem und Faktischem dar, das objektiv höchstens im gleichen Sinne genannt werden kann wie etwa die Temperatur in der statistischen Wärmelehre. Diese bestimmte Erkenntnis des Möglichen läßt zwar einige sichere und scharfe Prognosen zu, in der Regel aber erlaubt sie nur Schlüsse auf die Wahrscheinlichkeit eines zukünftigen Ereignisses. Kant konnte nicht voraussehen, daß in Erfahrungsbereichen, die weit jenseits der täglichen Erfahrung liegen, eine Ordnung des Wahrgenommenen nach dem Modell des ›Dings an sich‹ oder, wenn Sie wollen, des ›Gegenstands‹ nicht mehr durchgeführt werden kann, daß also, um es auf eine einfache Formel zu bringen, Atome keine Dinge oder Gegenstände mehr sind.«

»Aber was sind sie dann?«

»Dafür wird es kaum einen sprachlichen Ausdruck geben können, denn unsere Sprache hat sich an den täglichen Erfahrungen gebildet, und die Atome sind ja gerade nicht Gegenstände der täglichen Erfahrung. Aber wenn Sie mit Umschreibungen zufrieden sind: Sie sind Bestandteile von Beobachtungssituationen, Bestandteile, die für eine physikalische Analyse der Phänomene einen hohen Erklärungswert besitzen.«

»Wenn wir schon über die Schwierigkeiten des sprachlichen Ausdrucks reden«, warf hier Carl Friedrich ein, »so besteht doch vielleicht die wichtigste Lehre, die man aus der modernen Physik ziehen kann, darin, daß alle Begriffe, mit denen wir Erfahrungen beschreiben, nur einen begrenzten Anwendungsbereich haben. Bei allen solchen Begriffen wie ›Ding‹, ›Objekt der Wahrnehmung‹, ›Zeitpunkt‹, ›Gleichzeitigkeit‹, ›Ausdehnung‹ usw. können wir experimentelle Situationen aufweisen, in denen wir mit diesen Begriffen in Schwierigkeiten geraten. Das bedeutet nicht, daß diese Begriffe nicht gleichwohl Voraussetzung aller Erfahrungen seien, aber es bedeutet, daß es sich um eine Voraussetzung handelt, die jeweils kritisch analysiert werden muß, aus der keine absoluten Forderungen hergeleitet werden können.«

Grete Hermann war über diese Entwicklung unseres Gesprächs wohl sehr unglücklich. Sie hatte gehofft, mit den Denkwerkzeugen der Kantschen Philosophie die Ansprüche der Atomphysiker in aller Schärfe widerlegen zu können oder umgekehrt einzusehen, daß Kant an irgendeiner Stelle einen entscheidenden Denkfehler begangen hätte. Nun sah es beinahe aus wie ein farbloses Unentschieden, das ihren Wunsch nach Klarheit nicht voll befriedigte. Sie fragte also weiter: »Bedeutet diese Relativierung des Kantschen ›a priori‹, ja der Sprache selbst, nicht einfach eine volle Resignation im Sinne des ›Ich sehe, daß wir nichts wissen können‹? Gibt es also nach Ihrer Ansicht keinen Boden der Erkenntnis, auf dem man fest stehen kann?«

Carl Friedrich antwortete nun sehr mutig, daß er gerade aus der Entwicklung der Naturwissenschaft die Berechtigung zu einer etwas optimistischeren Auffassung nehme:

»Wenn wir sagen, daß Kant mit seinem ›a priori‹ die Erkenntnissituation der damaligen Naturwissenschaft richtig analysiert habe, daß wir aber in der heutigen Atomphysik vor einer neuen Erkenntnissituation stünden, so hat diese Aussage vielleicht eine gewisse Verwandtschaft mit der anderen Aussage, daß die Hebelgesetze des Archimedes die richtige Formulierung der für die damalige Technik wichtigen praktischen Regeln enthielten, daß aber diese Gesetze für die heutige Technik, zum Beispiel für die Technik der Elektronen, nicht mehr ausreichen. Die Hebelgesetze des Archimedes enthalten echtes Wissen, nicht nur unbestimmtes Meinen. Sie werden zu allen Zeiten gelten, in denen von Hebeln die Rede ist, und wenn es auf den Planeten irgendwelcher weit entfernten Sternsysteme Hebel gibt, so müssen auch dort die Behauptungen des Archimedes richtig bleiben. Der zweite Teil der Aussage, daß die Menschen mit der Erweiterung ihres Wissens in Bereiche der Technik vorgedrungen seien, in denen der Begriff des Hebels nicht mehr ausreicht, bedeutet also eigentlich weder eine Relativierung noch eine Historisierung der Hebelgesetze; er bedeutet nur, daß die Hebelgesetze in der geschichtlichen Entwicklung Teile eines umfassenderen Systems der Technik werden, daß ihnen später nicht mehr die zentrale Bedeutung zukommt, die sie am Anfang hatten. In ähnlicher Weise glaube ich, daß die Kantsche Analyse der Erkenntnis echtes Wissen, nicht nur unbestimmtes Meinen, enthält und daß sie überall dort richtig bleibt, wo lebendige Wesen, die reflektieren können, zu ihrer Umwelt in die Beziehung treten, die wir vom menschlichen Standpunkt aus ›Erfahrung‹ genannt haben. Aber auch das Kantsche ›a priori‹ kann später aus seiner zentralen Stellung verdrängt und Teil einer sehr viel umfassenderen Analyse des Erkenntnisprozesses werden. Es wäre an dieser Stelle sicher falsch, naturwissenschaftliches oder philosophisches Wissen mit dem Satz ›Jede Zeit hat ihre eigene Wahrheit‹ aufweichen zu wollen. Aber man muß sich doch gleichzeitig vor Augen halten, daß sich mit der historischen Entwicklung auch die Struktur des menschlichen Denkens ändert. Der Fortschritt der Wissenschaft vollzieht sich nicht nur dadurch, daß uns neue Tatsachen bekannt und verständlich werden, sondern auch dadurch, daß wir immer wieder neu lernen, was das Wort ›Verstehen‹ bedeuten kann.«

Mit dieser Antwort, die ja teilweise von Bohr stammte, war Grete Hermann, wie uns schien, einigermaßen zufrieden, und wir hatten das Gefühl, das Verhältnis der Kantschen Philosophie zur modernen Naturwissenschaft besser verstanden zu haben.

Über die Verantwortung des Forschers

Die Gefangenschaft führte mich nach einigen kürzeren Zwischenaufenthalten in Heidelberg, Paris und Belgien schließlich für längere Zeit auf dem Landsitz Farm-Hall mit einigen alten Freunden und jüngeren Mitarbeitern des »Uranvereins« zusammen. Zu ihnen gehörten Otto Hahn, Max von Laue, Walter Gerlach, Carl Friedrich v. Weizsäcker, Karl Wirtz. Der Gutshof Farm-Hall liegt am Rande des Dorfes Godmanchester, nur etwa 25 Meilen von der alten Universitätsstadt Cambridge in England entfernt. Ich kannte die Landschaft von früheren Besuchen am Cavendish-Laboratorium. Hier, im Kreise der zehn gefangenen Atomphysiker, besaß Otto Hahn durch die Anziehungskraft seiner Persönlichkeit und durch seine ruhige besonnene Haltung in schwierigen Lagen von selbst das Vertrauen jedes einzelnen unserer kleinen Gruppe. Er verhandelte also mit unseren Bewachern, wo immer das sich als notwendig erwies; und eigentlich gab es nur selten Schwierigkeiten, da die uns betreuenden Offiziere ihre Aufgabe mit ungewöhnlich viel Takt und Menschlichkeit lösten, so daß sich nach kurzer Zeit ein echtes Vertrauensverhältnis zwischen ihnen und uns einstellte. Wir waren nur wenig über unsere Arbeiten am Atomenergieproblem ausgefragt worden, und wir empfanden einen gewissen Widerspruch zwischen dem geringen Interesse an unseren Arbeiten und der ungewöhnlich großen Sorgfalt, mit der wir bewacht und von jeder Berührung mit der Außenwelt ferngehalten wurden. Auf meine Gegenfrage, ob man sich denn in Amerika und England während des Krieges nicht auch mit dem Uranproblem beschäftigt habe, erhielt ich von den uns befragenden amerikanischen Physikern immer nur die Antwort, dort sei es anders als bei uns gewesen, die Physiker hätten Aufgaben übernehmen müssen, die mehr unmittelbar der Kriegsführung gegolten hätten. Das klang nicht unplausibel, weil ja auch während des ganzen Krieges keine Auswirkungen amerikanischer Arbeiten über Kernspaltung sichtbar geworden waren.

Am Nachmittag des 6. August 1945 kam plötzlich Karl Wirtz zu mir mit der Mitteilung, eben habe der Rundfunk verkündet, es sei eine Atombombe über der japanischen Stadt Hiroshima abgeworfen worden. Ich wollte diese Nachricht zunächst nicht glauben; denn ich war sicher, daß zur Herstellung von Atombomben ein ganz enormer technischer Aufwand nötig gewesen wäre, der vielleicht viele Milliarden Dollar gekostet hätte. Ich fand es auch psychologisch unplausibel, daß die mir so gut bekannten Atomphysiker in Amerika alle Kräfte für ein solches Projekt eingesetzt haben sollten, und ich war daher geneigt, lieber den amerikanischen Physikern zu glauben, die mich verhört hatten, als einem Radioansager, der vielleicht irgendeine Art Propaganda zu verbreiten hatte. Auch sei, so wurde mir gesagt, das Wort »Uran« in der Meldung nicht vorgekommen. Das schien mir darauf hinzudeuten, daß mit dem Wort »Atombombe« irgendetwas anderes gemeint gewesen sei. Erst am Abend, als der Berichterstatter im Rundfunk den riesigen technischen Aufwand schilderte, der geleistet worden sei, mußte ich mich mit der Tatsache abfinden, daß die Fortschritte der Atomphysik, die ich

25 Jahre lang miterlebt hatte, nun den Tod von weit über hunderttausend Menschen verursacht hatten.
Am tiefsten getroffen war begreiflicherweise Otto Hahn. Die Uranspaltung war seine bedeutendste wissenschaftliche Entdeckung, sie war der entscheidende und von niemandem vorhergesehene Schritt in die Atomtechnik gewesen. Und dieser Schritt hatte jetzt einer Großstadt und ihrer Bevölkerung, unbewaffneten Menschen, von denen die meisten sich am Kriege unschuldig fühlten, ein schreckliches Ende bereitet. Hahn zog sich erschüttert und verstört in sein Zimmer zurück, und wir waren ernstlich in Sorge, daß er sich etwas antun könnte. Von uns anderen wurde an diesem Abend in der Erregung wohl manches unüberlegte Wort gesprochen. Erst am nächsten Tag gelang es uns, unsere Gedanken zu ordnen und sorgfältig auf das einzugehen, was geschehen war.
Hinter unserem Landsitz Farm-Hall, einem altertümlichen Bau aus rotem Backstein, lag eine nicht mehr gut gepflegte Rasenfläche, auf der wir Faustball zu spielen pflegten. Zwischen dieser Rasenfläche und der efeubewachsenen Mauer, die unser Grundstück vom Nachbargarten trennte, gab es noch ein langgestrecktes Rosenbeet, um dessen Pflege sich vor allem Gerlach bemühte. Der Weg um dieses Rosenbeet spielte bei uns Gefangenen eine ähnliche Rolle wie etwa der Kreuzgang in mittelalterlichen Klöstern. Er war der geeignete Ort für ernste Gespräche zu zweit. Am Morgen nach der erschreckenden Nachricht gingen dort Carl Friedrich und ich lange Zeit sinnend und redend auf und ab. Das Gespräch begann mit der Sorge um Otto Hahn, und Carl Friedrich mag es mit einer schwierigen Frage begonnen haben.

»Man kann ja verstehen, daß Otto Hahn darüber verzweifelt ist, daß seine größte wissenschaftliche Entdeckung jetzt mit dem Makel dieser unvorstellbaren Katastrophe behaftet ist. Aber hat er Grund, sich in irgendeiner Weise schuldig zu fühlen? Hat er mehr Grund dazu als irgendeiner von uns anderen, die wir an der Atomphysik mitgearbeitet haben? Sind wir alle an diesem Unglück mitschuld, und worin besteht diese Schuld?«

»Ich glaube nicht«, versuchte ich zu antworten, »daß es Sinn hat, hier das Wort ›Schuld‹ zu verwenden, selbst wenn wir in irgendeiner Weise in diesen ganzen Kausalzusammenhang verwoben sind. Otto Hahn und wir alle haben an der Entwicklung der modernen Naturwissenschaft teilgenommen. Diese Entwicklung ist ein Lebensprozeß, zu dem sich die Menschheit, oder wenigstens die europäische Menschheit, schon vor Jahrhunderten entschlossen hat – oder wenn man vorsichtiger formulieren will, auf den sie sich eingelassen hat. Wir wissen aus Erfahrung, daß dieser Prozeß zum Guten und Schlechten führen kann. Aber wir waren überzeugt – und das war insbesondere der Fortschrittsglaube des 19. Jahrhunderts –, daß mit wachsender Kenntnis das Gute überwiegen werde und daß man die möglichen schlechten Folgen in der Gewalt behalten könne. An die Möglichkeit von Atombomben hat vor der Hahnschen Entdeckung weder Hahn noch irgendein anderer von uns ernstlich denken können, da die damalige Physik keinen Weg dahin sichtbar machte. An diesem Lebensprozeß der Entwicklung der Wissenschaft teilzunehmen, kann nicht als Schuld angesehen werden.«

»Es wird natürlich jetzt radikale Geister geben«,

setzte Carl Friedrich das Gespräch fort, »die meinen, man müsse sich in Zukunft von diesem Entwicklungsprozeß der Wissenschaft abwenden, da er zu solchen Katastrophen führen könne. Es gebe wichtigere Aufgaben sozialer, wirtschaftlicher und politischer Art als den Fortschritt der Naturwissenschaft. Damit mögen sie sogar recht haben. Aber wer so denkt, verkennt dabei, daß in der heutigen Welt das Leben der Menschen weitgehend auf dieser Entwicklung der Wissenschaft beruht. Würde man sich schnell von der ständigen Erweiterung der Kenntnisse abwenden, so müßte die Zahl der Menschen auf der Erde in kurzer Zeit radikal reduziert werden. Das aber könnte wohl nur durch Katastrophen geschehen, die denen der Atombombe durchaus vergleichbar oder noch schlimmer wären.

Dazu kommt, daß bekanntlich Wissen auch Macht ist. Solange auf der Erde um Macht gerungen wird – und einstweilen ist davon kein Ende abzusehen –, muß also auch um Wissen gerungen werden. Vielleicht kann viel später, wenn es so etwas wie eine Weltregierung geben sollte, also eine zentrale, hoffentlich möglichst freiheitliche Ordnung der Verhältnisse auf der Erde, das Streben nach Erweiterung des Wissens schwächer werden. Aber das ist jetzt nicht unser Problem. Einstweilen gehört die Entwicklung der Wissenschaft zum Lebensprozeß der Menschheit, also kann der Einzelne, der in ihm wirkt, auch nicht dafür schuldig gesprochen werden. Die Aufgabe muß daher nach wie vor darin bestehen, diesen Entwicklungsprozeß zum Guten zu lenken, die Erweiterung des Wissens nur zum Wohl der Menschen auszunutzen, nicht aber diese Entwicklung selbst zu verhindern.

Die Frage lautet also: Was kann der Einzelne dafür tun; welche Verpflichtung entsteht hier für den, der in der Forschung tätig mitwirkt?«

»Wenn wir die Entwicklung der Wissenschaft in dieser Weise als einen historischen Prozeß im Weltmaßstab ansehen, so erinnert deine Frage an das alte Problem von der Rolle des Individuums in der Weltgeschichte. Sicher wird man auch hier annehmen müssen, daß die Individuen im Grunde weitgehend ersetzbar sind. Wenn Einstein nicht die Relativitätstheorie entdeckt hätte, so wäre sie früher oder später von anderen, vielleicht von Poincaré oder Lorentz formuliert worden. Wenn Hahn nicht die Uranspaltung gefunden hätte, so wären vielleicht einige Jahre später Fermi oder Joliot auf dieses Phänomen gestoßen. Ich glaube, man schmälert die große Leistung des Einzelnen nicht, wenn man dies ausspricht. Daher kann man auch dem Einzelnen, der den entscheidenden Schritt wirklich tut, nicht mehr Verantwortung für seine Folgen aufbürden als allen anderen, die ihn vielleicht auch hätten tun können. Der Einzelne ist von der geschichtlichen Entwicklung an die entscheidende Stelle gesetzt worden, und er hat den Auftrag, der ihm hier gegeben war, auch ausführen können; mehr nicht. Er wird dadurch vielleicht etwas mehr Einfluß auf die spätere Ausnutzung seiner Entdeckung gewinnen können als andere. Tatsächlich hat Hahn ja auch in Deutschland, wo immer er gefragt wurde, sich für die Anwendung der Uranspaltung nur auf die friedliche Atomtechnik ausgesprochen, er hat vom Versuch kriegerischer Anwendung überall abgeraten und gewarnt. Aber auf die Entwicklung in Amerika hat er natürlich keinen Einfluß nehmen können.«

»Man wird hier«, so führte Carl Friedrich die Gedanken weiter fort, »wohl einen grundsätzlichen Unterschied machen müssen zwischen dem Entdecker und dem Erfinder. Der Entdecker kann in der Regel vor der Entdeckung nichts über die Anwendungsmöglichkeiten wissen, und auch nachher kann der Weg bis zur praktischen Ausnützung noch so weit sein, daß Voraussagen unmöglich sind. So haben etwa Galvani und Volta sich keine Vorstellung von der späteren Elektrotechnik machen können. Sie hatten also auch nicht die geringste Verantwortung für den Nutzen und die Gefahren der späteren Entwicklung. Aber bei den Erfindern ist es in der Regel anders. Der Erfinder – und so will ich das Wort verwenden – hat ja ein bestimmtes praktisches Ziel vor Augen. Er muß überzeugt sein, daß die Erreichung dieses Zieles einen Wert darstellt, und man wird ihn mit Recht mit der Verantwortung dafür belasten. Allerdings wird gerade beim Erfinder deutlich, daß er eigentlich nicht als Einzelner, sondern im Auftrag einer größeren menschlichen Gemeinschaft handelt. Der Erfinder des Telephons etwa wußte, daß die menschliche Gesellschaft eine schnelle Kommunikation für wünschenswert hält. Und auch der Erfinder der Feuerwaffen handelte im Auftrag einer kriegerischen Macht, die ihre Kampfkraft steigern wollte. Man kann dem Einzelnen also sicher nur einen Teil der Verantwortung aufbürden. Dazu kommt, daß auch hier weder der Einzelne noch die Gemeinschaft alle späteren Folgen der Erfindung wirklich überschauen kann. Ein Chemiker etwa, der eine Substanz findet, mit der er große landwirtschaftliche Kulturen vor Schädlingen schützen kann, wird ebensowenig wie die Besitzer oder Verwalter der angebauten Landflächen wirklich vorausrechnen können, welche Folgen aus den Veränderungen der Insektenwelt in dem betreffenden Gebiet schließlich entstehen. An den Einzelnen wird man also nur die Forderung stellen können, daß er sein Ziel im großen Zusammenhang sehen müsse; daß er nicht um des Interesses irgendeiner kleinen Gruppe willen andere, viel weitere Gemeinschaften unbedacht in Gefahr bringt. Was verlangt wird, ist also im Grunde nur die sorgfältige und gewissenhafte Berücksichtigung des großen Zusammenhangs, in dem sich der technisch-wissenschaftliche Fortschritt vollzieht. Dieser Zusammenhang muß auch dort beachtet werden, wo er dem eigenen Interesse nicht unmittelbar entgegenkommt.«

»Wenn du in dieser Weise zwischen Entdeckung und Erfindung unterscheidest, wohin stellst du dann dieses neueste und schrecklichste Ergebnis des technischen Fortschritts, die Atombombe?«

»Hahns Experiment über die Spaltung des Atomkerns war eine Entdeckung, die Herstellung der Bombe eine Erfindung. Für die Atomphysiker in Amerika, die die Bombe konstruiert haben, wird also auch gelten, was wir eben über die Erfinder gesagt haben. Sie haben nicht als Einzelne, sondern im ausdrücklichen oder vorweggenommenen Auftrag einer kriegführenden menschlichen Gemeinschaft gehandelt, die eine äußerste Stärkung ihrer Kampfkraft wünschen mußte. Du hast früher einmal gesagt, du könntest dir schon aus psychologischen Gründen nicht vorstellen, daß die amerikanischen Atomphysiker mit voller Kraft die Herstellung von Atombomben anstrebten. Auch gestern hast du zunächst nicht an die

Atombombe glauben wollen. Wie erklärst du dir jetzt die Vorgänge in Amerika?«

»Wahrscheinlich haben die Physiker drüben am Anfang des Krieges wirklich gefürchtet, daß die Herstellung von Atombomben in Deutschland versucht werden könnte. Das ist verständlich; denn die Uranspaltung ist von Hahn in Deutschland entdeckt worden, und die Atomphysik war bei uns, vor der Vertreibung vieler tüchtiger Physiker durch Hitler, auf einem hohen Niveau. Man hat also einen Sieg Hitlers durch die Atombombe für eine so entsetzliche Gefahr gehalten, daß zur Abwendung dieser Katastrophe auch das Mittel der eigenen Atombombe gerechtfertigt schien. Ich weiß nicht, ob man dagegen etwas sagen könnte, besonders wenn man bedenkt, was in den nationalsozialistischen Konzentrationslagern wirklich geschehen ist. Nach dem Ende des Krieges mit Deutschland haben wahrscheinlich viele Physiker in Amerika von der Anwendung dieser Waffe abgeraten, aber sie hatten um diese Zeit keinen entscheidenden Einfluß mehr. Auch daran steht uns keine Kritik zu. Denn wir haben ja auch die schrecklichen Dinge, die von unserer Regierung getan worden sind, nicht verhindern können. Die Tatsache, daß wir ihr Ausmaß nicht kannten, ist keine Entschuldigung, denn wir hätten uns ja noch mehr anstrengen können, sie in Erfahrung zu bringen.

Das Schreckliche an diesem ganzen Gedankengang ist, daß man erkennt, wie ungeheuer zwangsläufig er ist. Man versteht, daß in der Weltgeschichte immer wieder der Grundsatz praktiziert worden ist: Für die gute Sache darf man mit allen Mitteln kämpfen, für die schlechte nicht. Oder in noch bösartigerer Form:

Der Zweck heiligt die Mittel. Aber was hätte man schon diesem Gedankengang entgegensetzen können?«

»Wir haben vorher davon gesprochen«, antwortete Carl Friedrich, »daß man vom Erfinder verlangen könnte, er solle sein Ziel im großen Zusammenhang des technischen Fortschritts auf der Erde sehen. Wollen wir prüfen, was dabei herauskommt. Im ersten Augenblick werden ja nach solchen Katastrophen immer reichlich billige Rechnungen aufgestellt. Es wird etwa gesagt, durch den Einsatz der Atombombe sei der Krieg schneller beendet worden. Vielleicht wären die Opfer im ganzen noch größer gewesen, wenn man ihn ohne diese Waffen hätte langsam zu Ende gehen lassen. Ich glaube, du hast gestern abend dieses Argument auch erwähnt. Solche Rechnungen sind aber deshalb ganz ungenügend, weil man ja die späteren politischen Folgen der Katastrophe nicht kennt. Werden durch die entstandene Erbitterung vielleicht spätere Kriege vorbereitet, die noch viel größere Opfer erfordern? Werden durch die neuen Waffen Machtverschiebungen hervorgerufen, die später, wenn alle Großmächte über diese Waffen verfügen, unter verlustreichen Auseinandersetzungen wieder rückgängig gemacht werden müssen? Niemand kann solche Entwicklungen vorausrechnen, und daher kann ich mit solchen Argumenten nichts anfangen. Ich möchte lieber von dem anderen Satz ausgehen, über den wir auch gelegentlich gesprochen haben: daß erst die Wahl der Mittel darüber entscheidet, ob eine Sache gut oder schlecht sei. Könnte dieser Satz nicht auch hier wirksam werden?«

Ich versuchte diesen Gedanken etwas näher auszuführen. »Der wissenschaftlich-technische Fortschritt wird doch zweifellos zur Folge haben, daß die unabhängigen politischen Einheiten auf der Erde immer größer werden und daß ihre Zahl immer geringer wird; daß schließlich eine zentrale Ordnung der Verhältnisse angestrebt wird, von der wir nur hoffen können, daß sie noch genügend Freiheit für den Einzelnen und für das einzelne Volk läßt. Eine Entwicklung in dieser Richtung scheint mir völlig unausweichlich, und es ist eigentlich nur die Frage, ob auf dem Wege bis zum geordneten Endzustand noch viele Katastrophen passieren müssen. Man wird also annehmen können, daß die wenigen Großmächte, die nach diesem Kriege übrigbleiben, versuchen werden, ihren Einflußbereich so weit wie möglich auszudehnen. Das kann eigentlich nur durch Bündnisse geschehen, die durch gemeinsame Interessen, durch verwandte soziale Strukturen, gemeinsame Weltanschauungen oder auch durch wirtschaftlichen und politischen Druck zustande kommen. Wo außerhalb des unmittelbaren Einflußbereichs einer Großmacht schwächere Gruppen durch stärkere bedroht oder unterdrückt werden, liegt es für die Großmacht nahe, die Schwächeren zu unterstützen, damit das Gleichgewicht zugunsten der Schwächeren zu verschieben und so schließlich wieder mehr Einfluß zu gewinnen. In dieser Weise wird man doch wohl auch das Eingreifen Amerikas in die beiden Weltkriege deuten müssen. Ich würde also annehmen, daß die Entwicklung in dieser Richtung weitergeht; und ich sehe auch nicht, warum ich mich dagegen innerlich wehren sollte. Gegen Großmächte, die eine derartige Expansionspolitik treiben, wird natürlich der Vorwurf des Imperialismus erhoben werden. Aber gerade an dieser Stelle scheint mir die Frage nach der Wahl der Mittel entscheidend. Eine Großmacht, die ihren Einfluß nur ganz vorsichtig geltend macht, die in der Regel nur wirtschaftliche und kulturpolitische Mittel einsetzt und die jeden Anschein vermeidet, mit brutaler Gewalt in das innere Leben der betreffenden Völker eingreifen zu wollen, wird sich diesem Vorwurf viel weniger leicht aussetzen als eine andere, die Gewalt anwendet. Die Ordnungsstrukturen im Einflußbereich einer Großmacht, die nur vertretbare Mittel verwendet, werden am ehesten als Vorbilder für die Strukturen in der künftigen einheitlichen Ordnung der Welt anerkannt werden.

Nun sind gerade die Vereinigten Staaten von Amerika von vielen als ein Hort der Freiheit angesehen worden, als jene soziale Struktur, in der sich der Einzelne am leichtesten frei entfalten kann. Die Tatsache, daß in Amerika jede Meinung frei geäußert werden kann, daß die Initiative des Einzelnen oft wichtiger ist als die staatliche Anordnung, daß auf den einzelnen Menschen Rücksicht genommen wird, daß zum Beispiel die Kriegsgefangenen besser behandelt werden als in anderen Ländern, all dies und noch manches andere hat bei vielen die Hoffnung erweckt, daß die innere Struktur Amerikas schon so etwas wie ein Vorbild für die zukünftige innere Struktur der Welt sein könnte. An diese Hoffnung hätte man denken sollen, als man über die Entscheidung beriet, ob eine Atombombe über Japan abgeworfen werden soll. Denn ich fürchte, daß diese Hoffnung durch die Anwendung der Atombombe einen schweren Stoß erlitten hat. Der Vorwurf des Imperialismus wird von anderen, mit Amerika in Konkurrenz stehenden Mächten nun mit aller Schärfe erhoben werden, und er wird durch den Abwurf der Atombombe an Überzeugungskraft gewinnen. Gerade weil die Atombombe ja offenbar zum Sieg nicht mehr nötig war, wird ihr Abwurf als eine reine Machtdemonstration verstanden werden, und es ist schwer zu sehen, wie von hier ein Weg zu einer freiheitlichen Ordnung der Welt führen könnte.«

»Du meinst also«, wiederholte Carl Friedrich, »man hätte die technische Möglichkeit der Atombombe im großen Zusammenhang sehen sollen, nämlich als Teil der globalen wissenschaftlich-technischen Entwicklung, die letzten Endes unausweichlich zu einer einheitlichen Ordnung auf der Erde führen muß. Man hätte dann verstanden, daß der Einsatz der Bombe zu einem Zeitpunkt, in dem über den Sieg bereits entschieden ist, einen Rückfall in die Zeit der um Macht ringenden Nationalstaaten darstellt und vom Ziel einer einheitlichen und freiheitlichen Ordnung der Welt wegführt; denn er schwächt eben das Zutrauen zur guten Sache Amerikas, er macht die Mission Amerikas unglaubhaft. Die Existenz der Atombombe an sich ist hier kein Unglück. Denn sie wird in Zukunft die volle politische Unabhängigkeit auf einige wenige Großmächte mit einer riesigen Wirtschaftskraft beschränken. Für die kleineren Staaten wird es nur noch eine begrenzte Unabhängigkeit geben können. Aber dieser Verzicht braucht keine Einschränkung für die Freiheit des Einzelnen zu bedeuten und kann als Preis für die allgemeine Verbesserung der Lebensbedingungen hingenommen werden.

Aber wir kommen, wenn wir so reden, immer wieder von unserer eigentlichen Frage ab. Wir wollten doch wissen, wie sich der Einzelne verhalten muß, der in dieses Getriebe einer von widerstreitenden Ideen geformten, ihren Leidenschaften und Wahnvorstellungen ausgelieferten und doch am technischen Fortschritt interessierten Menschheit hineingestellt ist. Darüber haben wir noch zu wenig erfahren.«

»Wir haben immerhin verstanden«, versuchte ich zu erwidern, »daß es für den Einzelnen, dem der wissenschaftliche oder technische Fortschritt eine wichtige Aufgabe gestellt hat, nicht genügt, nur an diese Aufgabe zu denken. Er muß die Lösung als Teil einer großen Entwicklung sehen, die er offenbar bejaht, wenn er überhaupt an solchen Problemen mitarbeitet. Er wird leichter zu den richtigen Entscheidungen kommen, wenn er diese allgemeinen Zusammenhänge mit bedenkt.«

»Das würde wohl bedeuten, daß er sich auch um eine Verbindung mit dem öffentlichen Leben, um Einfluß auf die staatliche Verwaltung bemühen muß, wenn er das Richtige nicht nur denken, sondern auch tun und bewirken will. Aber vielleicht ist eine solche Verbindung auch nicht unvernünftig. Sie paßt gut in die allgemeine Entwicklung, die wir uns vorher vorzustellen suchten. In dem Maß, in dem der wissenschaftliche und technische Fortschritt für die Allgemeinheit wichtig wird, könnte sich auch der Einfluß der Träger dieses Fortschritts auf das öffentliche Leben vergrößern. Natürlich wird man nicht annehmen können, daß die Physiker und Techniker wichtige politische Entscheidungen besser fällen könnten als die Politiker. Aber sie haben in ihrer wissenschaftlichen Arbeit besser gelernt, objektiv, sachlich und, was das wichtigste ist, in großen Zusammenhängen zu denken. Sie mögen also in die Arbeit der Politiker ein konstruktives Element von logischer Präzision, von Weitblick und von sachlicher Unbestechlichkeit bringen, das dieser Arbeit förderlich sein könnte. Wenn man so denkt, könnte man allerdings den amerikanischen Atomphysikern den Vorwurf nicht ersparen, daß sie sich nicht genug um politischen Einfluß bemüht, daß sie die Entscheidung über die Verwendung der Atombombe zu früh aus der Hand gegeben haben. Denn ich kann nicht daran zweifeln, daß sie die negativen Folgen dieses Bombenabwurfs sehr früh verstanden haben.«

»Ich weiß nicht, ob wir in diesem Zusammenhang das Wort ›Vorwurf‹ überhaupt in den Mund nehmen dürfen. Wahrscheinlich haben wir an dieser einen Stelle einfach mehr Glück gehabt als unsere Freunde auf der anderen Seite des Ozeans.« –

[...]

Die Bedeutung des Schönen in der exakten Naturwissenschaft

Wenn ein Vertreter der Naturwissenschaft bei einer Veranstaltung der Akademie der Schönen Künste das Wort nehmen soll, so kann er es kaum wagen, zum Thema Kunst Meinungen zu äußern; denn die Künste liegen ja seinem eigenen Arbeitsgebiet fern. Aber vielleicht darf er das Problem des Schönen aufgreifen. Denn das Epitheton »schön« wird hier zwar zur Charakterisierung der Künste verwendet, aber der Bereich des Schönen reicht ja über ihr Wirkungsfeld weit hinaus. Er umfaßt sicher auch andere Gebiete des geistigen Lebens; und die Schönheit der Natur spiegelt sich auch in der Schönheit der Naturwissenschaft.
Vielleicht ist es gut, wenn wir zunächst ohne jeden Versuch einer philosophischen Analyse des Begriffs ›schön‹ einfach fragen, wo im Umkreis der exakten Wissenschaften uns das Schöne begegnen kann. Hier darf ich vielleicht mit einem persönlichen Erlebnis beginnen. Als ich als kleiner Junge die untersten Klassen des Max-Gymnasiums hier in München besuchte, interessierte ich mich für Zahlen. Es machte mir Freude, ihre Eigenschaften zu kennen, z. B. zu wissen, ob sie Primzahlen seien oder nicht, und zu probieren, ob sie vielleicht als Summen von Quadratzahlen dargestellt werden können, oder schließlich zu beweisen, daß es unendlich viele Primzahlen geben muß. Da mein Vater nun meine Lateinkenntnisse viel wichtiger fand als meine Zahleninteressen, brachte er mir einmal von der Staatsbibliothek eine lateinisch geschrie-

bene Abhandlung des Mathematikers Kronecker mit, in der die Eigenschaften der ganzen Zahlen in Beziehung gesetzt wurden zu dem geometrischen Problem, einen Kreis in eine Anzahl gleicher Teile zu teilen. Wie mein Vater gerade auf diese Untersuchung aus der Mitte des vorigen Jahrhunderts verfallen ist, weiß ich nicht. Aber das Studium der Kroneckerschen Abhandlung machte mir einen tiefen Eindruck; denn ich empfand es ganz unmittelbar als schön, daß man aus dem Problem der Kreisteilung, dessen einfachste Fälle uns ja aus der Schule bekannt waren, etwas über die ganz andersartigen Fragen der elementaren Zahlentheorie lernen konnte. Ganz in der Ferne glitt wohl auch schon die Frage vorbei, ob es die ganzen Zahlen und die geometrischen Formen gibt, d. h. ob es sie außerhalb des menschlichen Geistes gibt oder ob sie nur von diesem Geist als Werkzeuge zum Verständnis der Welt gebildet worden sind. Aber über solche Probleme konnte ich damals noch nicht nachdenken. Nur der Eindruck von etwas sehr Schönem war ganz direkt, er bedurfte keiner Begründung oder Erklärung.

Aber was war hier schön? Schon in der Antike gab es zwei Definitionen der Schönheit, die in einem gewissen Gegensatz zueinander standen. Die Kontroverse zwischen diesen beiden Definitionen hat besonders in der Renaissance eine große Rolle gespielt. Die eine bezeichnet die Schönheit als die richtige Übereinstimmung der Teile miteinander und mit dem Ganzen. Die andere, auf Plotin zurückgehend, ohne jede Bezugnahme auf Teile, bezeichnet sie als das Durchleuchten des ewigen Glanzes des »Einen« durch die materielle Erscheinung. Wir werden uns bei dem mathematischen

Beispiel zunächst an die erste Definition halten müssen. Die Teile, das sind hier die Eigenschaften der ganzen Zahlen, Gesetze über geometrische Konstruktionen, und das Ganze ist offenbar das dahinterstehende mathematische Axiomensystem, zu dem die Arithmetik und die Euklidische Geometrie gehören; also der große Zusammenhang, der durch die Widerspruchsfreiheit des Axiomensystems garantiert wird. Wir erkennen, daß die einzelnen Teile zusammenpassen, daß sie eben als Teile zu diesem Ganzen gehören, und wir empfinden die Geschlossenheit und Einfachheit dieses Axiomensystems ohne jede Reflexion als schön. Die Schönheit hat also zu tun mit dem uralten Problem des »Einen« und des »Vielen«, das – damals in engem Zusammenhang mit dem Problem von »Sein« und »Werden« – im Mittelpunkt der frühen griechischen Philosophie gestanden hat.

Da auch die Wurzeln der exakten Naturwissenschaft eben an dieser Stelle liegen, wird es gut sein, die Denkbewegungen jener frühen Epoche in groben Umrissen nachzuzeichnen. Am Anfang der griechischen Naturphilosophie steht die Frage nach dem Grundprinzip, von dem aus die bunte Vielfalt der Erscheinungen verständlich gemacht werden kann. Die bekannte Antwort des Thales »Wasser ist der materielle Urgrund aller Dinge« enthält, so seltsam sie uns anmutet, nach Nietzsche drei philosophische Grundforderungen, die in der späteren Entwicklung wichtig geworden sind; nämlich erstens, daß man nach einem solchen einheitlichen Grundprinzip suchen solle, zweitens, daß die Antwort nur rational, d. h. nicht durch den Hinweis auf einen Mythos gegeben werden dürfe, und schließlich drittens, daß die materielle Seite der

Welt hier eine entscheidende Rolle spielen müsse. Hinter diesen Forderungen steht natürlich unausgesprochen die Erkenntnis, daß Verstehen immer nur heißen kann: Zusammenhänge, d. h. einheitliche Züge, Merkmale der Verwandtschaft, in der Vielfalt zu erkennen.

Wenn es aber einen solchen einheitlichen Urgrund aller Dinge gibt, so wird man unweigerlich zu der Frage gedrängt – und das war der nächste Schritt auf diesem Denkwege –, wie denn aus ihm die Veränderung verständlich gemacht werden kann. Die Schwierigkeit ist besonders in der berühmten Paradoxie des Parmenides zu erkennen. Nur das Seiende ist; das Nichtseiende ist nicht. Wenn aber nur das Seiende ist, so kann es auch nichts außerhalb des Seienden geben, das dieses Seiende gliedert, das Veränderungen veranlassen könnte. Also müßte das Seiende ewig, einförmig, zeitlich und räumlich unbegrenzt gedacht werden. Die Veränderungen, die wir erleben, könnten also nur Schein sein.

Bei dieser Paradoxie konnte das griechische Denken nicht lange stehenbleiben. Der ewige Wechsel der Erscheinungen war unmittelbar gegeben, ihn galt es zu erklären. Bei dem Versuch, diese Schwierigkeit zu überwinden, wurden von verschiedenen Philosophen verschiedene Richtungen eingeschlagen. Ein Weg führte zur Atomlehre des Demokrit. Neben dem Seienden kann es das Nichtseiende doch als Möglichkeit geben, nämlich als Möglichkeit zu Bewegung und Form, und das heißt: als leeren Raum. Das Seiende ist wiederholbar, und so kommt man zu dem Bild der Atome im leeren Raum – dem Bild, das später als Grundlage der Naturwissenschaft so unendlich fruchtbar geworden ist. Aber von diesem Weg soll hier nicht weiter die Rede sein. Vielmehr soll der andere Weg genauer geschildert werden, der zu den Ideen Platos geführt hat und der uns unmittelbar an die Probleme des Schönen heranbringt.

Dieser Weg beginnt in der Schule des Pythagoras. In ihr soll der Gedanke entstanden sein, daß die Mathematik, die mathematische Ordnung, das Grundprinzip sei, von dem aus die Vielfalt der Erscheinungen verständlich gemacht werden könnte. Von Pythagoras selbst ist nur wenig bekannt. Sein Schülerkreis scheint eher eine religiöse Sekte gewesen zu sein, und mit Sicherheit lassen sich nur die Lehre von der Seelenwanderung und die Aufstellung gewisser religiös-sittlicher Gebote und Verbote auf Pythagoras zurückführen. In diesem Schülerkreis aber spielte – und das war für die spätere Zeit das Entscheidende – die Beschäftigung mit Musik und Mathematik eine wichtige Rolle. Hier soll von Pythagoras die berühmte Entdeckung gemacht worden sein, daß gleichgespannte schwingende Saiten dann harmonisch zusammenklingen, wenn ihre Längen in einem einfachen rationalen Zahlenverhältnis stehen. Die mathematische Struktur, nämlich das rationale Zahlenverhältnis als Quelle der Harmonie – das war sicher eine der folgenschwersten Entdeckungen, die in der Geschichte der Menschheit überhaupt gemacht worden sind. Das harmonische Zusammentönen zweier Saiten ergibt einen schönen Klang. Das menschliche Ohr empfindet die Dissonanz durch die aus den Schwebungen entstehende Unruhe als störend, aber die Ruhe der Harmonie, die Konsonanz, als schön. Die mathematische Beziehung war damit auch die Quelle des Schönen.

Die Schönheit ist, so lautete die eine der antiken Definitionen, die richtige Übereinstimmung der Teile miteinander und mit dem Ganzen. Die Teile sind hier die einzelnen Töne, das Ganze ist der harmonische Klang. Die mathematische Beziehung kann also zwei zunächst unabhängige Teile zu etwas Ganzem zusammenfügen und damit Schönes hervorbringen. Es war diese Entdeckung, die in der Lehre der Pythagoreer den Durchbruch zu ganz neuen Formen des Denkens bewirkt und dazu geführt hat, daß als Urgrund alles Seienden nicht mehr ein sinnlicher Stoff – wie das Wasser bei Thales –, sondern ein ideelles Formprinzip angesehen wurde. Damit war ein Grundgedanke ausgesprochen, der später das Fundament aller exakten Naturwissenschaften gebildet hat. Aristoteles berichtet in seiner *Metaphysik* über die Pythagoreer: »Sie beschäftigten sich zuerst mit der Mathematik, förderten sie, und, in ihr aufgezogen, hielten sie die mathematischen Prinzipien für die Prinzipien alles Seienden. Und in den Zahlen die Eigenschaften und Gründe der Harmonie erblickend, da ihnen das andere seiner ganzen Natur nach den Zahlen nachgebildet erschien, die Zahlen aber das Erste in der ganzen Natur, so faßten sie die Elemente der Zahlen als die Elemente aller Dinge auf und das ganze Weltall als Harmonie und Zahl.«

Das Verständnis der bunten Mannigfaltigkeit der Erscheinungen soll also dadurch zustande kommen, daß wir in ihr einheitliche Formprinzipien erkennen, die in der Sprache der Mathematik ausgedrückt werden können. Damit wird auch ein enger Zusammenhang zwischen dem Verständlichen und dem Schönen hergestellt. Denn wenn das Schöne als Übereinstimmung der Teile untereinander und mit dem Ganzen erkannt wird und wenn andererseits alles Verständnis erst durch diesen formalen Zusammenhang zustande kommen kann, so wird das Erlebnis des Schönen fast identisch mit dem Erlebnis des verstandenen oder wenigstens geahnten Zusammenhangs.

Der nächste Schritt auf diesem Wege ist von Plato durch die Formulierung seiner Ideenlehre getan worden. Plato stellt den unvollkommenen Gebilden der körperlichen Sinneswelt die vollkommenen mathematischen Formen gegenüber, etwa den unvollkommenen Kreisbahnen der Gestirne den vollkommenen mathematisch definierten Kreis. Die materiellen Dinge sind die Abbilder, die Schattenbilder der idealen wirklichen Gestalten; und, so wären wir heute versucht fortzusetzen, diese idealen Gestalten sind wirklich, weil und insofern sie im materiellen Geschehen »wirk«sam werden. Plato unterscheidet also hier in voller Klarheit ein den Sinnen zugängliches körperliches Sein und ein rein ideelles Sein, das nicht durch die Sinne, sondern nur in geistigen Akten erfaßbar wird. Dabei bedarf dieses ideelle Sein keineswegs des menschlichen Denkens, um von ihm hervorgebracht zu werden. Es ist im Gegenteil das eigentliche Sein, dem die körperliche Welt und das menschliche Denken erst nachgebildet sind. Das Erfassen der Ideen durch den menschlichen Geist ist, wie schon ihr Name sagt, mehr ein künstlerisches Schauen, ein halbbewußtes Ahnen als ein verstandesmäßiges Erkennen. Es ist eine Wiedererinnerung an Formen, die dieser Seele schon vor ihrem Erdendasein eingepflanzt worden sind. Die zentrale Idee ist die des Schönen und Guten, in der das Göttliche sichtbar wird und bei deren Anblick die Flügel der Seele wachsen. An einer Stelle im *Phaidros* wird der Gedanke ausgesprochen: Die Seele erschrickt, sie erschauert beim Anblick des Schönen, da sie spürt, daß etwas in ihr aufgerufen wird, das ihr nicht von außen durch die Sinne zugetragen worden ist, sondern das in ihr in einem tief unbewußten Bereich schon immer angelegt war.

Aber kehren wir wieder zum Verstehen und damit zur Naturwissenschaft zurück. Die bunte Vielfalt der Erscheinungen kann verstanden werden, so sagen Pythagoras und Plato, weil und insofern hier einheitliche Formprinzipien zugrunde liegen, die einer mathematischen Darstellung zugänglich sind. Damit ist eigentlich schon das ganze Programm der heutigen exakten Naturwissenschaft vorweggenommen. Aber es konnte im Altertum nicht durchgeführt werden, da die empirische Kenntnis der Einzelheiten im Naturgeschehen weitgehend fehlte.

Der erste Versuch, sich auch in diese Einzelheiten zu vertiefen, ist bekanntlich in der Philosophie des Aristoteles unternommen worden. Aber bei der unendlichen Fülle, die sich dem beobachtenden Naturforscher hier zunächst darbot, bei dem völligen Fehlen irgendwelcher Gesichtspunkte, von denen aus eine Ordnung hätte erkennbar werden können, mußten die einheitlichen Formprinzipien, nach denen Pythagoras und Plato gefragt hatten, jetzt gegenüber der Beschreibung der Einzelheiten zurücktreten. So tut sich schon in jener Zeit der Gegensatz auf, der sich bis heute etwa in der Diskussion zwischen der experimentellen und der theoretischen Physik gehalten hat; der Gegensatz zwischen dem Empiriker, der durch sorgfältige und gewissenhafte Kleinarbeit erst die Voraussetzungen für ein Verständnis der Natur schafft, und dem Theoretiker, der mathematische Bilder entwirft, nach denen er die Natur zu ordnen und damit zu verstehen sucht – mathematische Bilder, die sich nicht nur durch die richtige Darstellung der Erfahrung, sondern vor allem auch durch ihre Einfachheit und Schönheit als die wahren, dem Naturgeschehen zugrunde liegenden Ideen erweisen. Schon Aristoteles sprach als Empiriker kritisch über die Pythagoreer, die, wie er sagte, »nicht im Hinblick auf die Tatsachen nach Erklärungen und Theorien suchten, sondern im Hinblick auf gewisse Theorien und Lieblingsmeinungen an den Tatsachen zerrten und sich, man möchte sagen, als Mitordner des Weltalls aufspielten«. Rückblickend auf die Geschichte der exakten Naturwissenschaft kann man vielleicht feststellen, daß sich die richtige Darstellung der Naturerscheinungen gerade aus der Spannung zwischen den beiden gegensätzlichen Auffassungen entwickelt hat. Die reine mathematische Spekulation wird unfruchtbar, weil sie aus einem Spiel mit der Fülle der möglichen Formen nicht mehr zurückfindet zu den ganz wenigen Formen, nach denen die Natur wirklich gebildet ist. Und die reine Empirie wird unfruchtbar, weil sie schließlich in endlosen Tabellenwerken ohne inneren Zusammenhang erstickt. Nur aus der Spannung, aus dem Spiel zwischen der Fülle der Tatsachen und den vielleicht dazu passenden mathematischen Formen können die entscheidenden Fortschritte kommen.

Aber diese Spannung konnte in der Antike nicht mehr aufgenommen werden, und so trennte sich der Weg zur Erkenntnis für lange Zeit von dem Weg zum Schönen. Die Bedeutung des Schönen für das Verständnis der Natur wurde erst wieder deutlich sichtbar, als man mit dem Beginn der Neuzeit von Aristoteles zu Plato zurückgefunden hatte. Und erst durch diese Wendung offenbarte sich die ganze Fruchtbarkeit der von Pythagoras und Plato eingeleiteten Denkweise.

Schon die berühmten Fallversuche, die Galilei wohl doch nicht am Schiefen Turm zu Pisa vorgenommen hat, zeigen das aufs deutlichste. Galilei beginnt mit sorgfältigen Beobachtungen ohne Rücksicht auf die Autorität des Aristoteles, doch er versucht, den Lehren des Pythagoras und Platos folgend, mathematische Formen zu finden, die den empirisch gewonnenen Tatsachen entsprechen, und so gelangt er zu seinen Fallgesetzen. Aber er muß, und das ist ein entscheidender Punkt, um die Schönheit mathematischer Formen in den Erscheinungen wiederzuerkennen, die Tatsachen idealisieren oder, wie Aristoteles tadelnd formuliert hatte, sie verzerren. Aristoteles hatte gelehrt, daß alle bewegten Körper ohne Einwirkung von äußeren Kräften schließlich zur Ruhe kommen, und das war die allgemeine Erfahrung. Galilei behauptet im Gegenteil, daß die Körper ohne äußere Kräfte im Zustand gleichförmiger Bewegung verharren. Galilei konnte diese Verzerrung der Tatsachen wagen, weil er darauf hinweisen konnte, daß bewegte Körper ja stets einem Reibungswiderstand ausgesetzt sind und daß die Bewegung in der Tat um so länger bestehen bleibt, je besser die Reibungskräfte ausgeschaltet werden können. Er gewann für diese Verzerrung der Tatsachen, für diese Idealisierung, ein einfaches mathematisches Gesetz, und das war der Anfang der neuzeitlichen exakten Naturwissenschaft.

Einige Jahre später gelang es Kepler, in den Ergebnissen seiner sehr sorgfältigen Beobachtungen über die Planetenbahnen neue mathematische Formen zu entdecken und seine berühmten drei Keplerschen Gesetze zu formulieren. Wie nahe sich Kepler bei diesen Entdeckungen den alten Gedankengängen des Pythagoras fühlte und wie sehr die Schönheit der Zusammenhänge bei ihrer Formulierung ihn leitete, geht schon daraus hervor, daß er die Umschwünge der Planeten um die Sonne mit Schwingungen einer Saite verglich und von einem harmonischen Zusammenklang der verschiedenen Planetenbahnen sprach, von der Harmonie der Sphären, und daß er schließlich am Ende seines Werkes über die Weltharmonie in den Jubelruf ausbricht: »Dir sage ich Dank, Herrgott unser Schöpfer, daß Du mich die Schönheit schauen läßt in Deinem Schöpfungswerk.« Kepler war zutiefst ergriffen davon, daß er hier auf einen ganz zentralen Zusammenhang gestoßen war, der nicht von Menschen erdacht und den zum erstenmal zu erkennen ihm vorbehalten war, einen Zusammenhang von höchster Schönheit. Einige Jahrzehnte später hat Isaac Newton in England diesen Zusammenhang vollends freigelegt und in seinem großen Werk *Philosophiae naturalis principia mathematica* im einzelnen beschrieben. Damit war der Weg der exakten Naturwissenschaft für fast zwei Jahrhunderte vorgezeichnet.

Aber handelt es sich hier nur um Erkenntnis oder auch um das Schöne? Und wenn es sich auch um das Schöne handelt, welche Rolle hat es beim Aufdecken der Zusammenhänge gespielt? Erinnern wir uns wieder an die eine antike Definition: »Die Schönheit ist die richtige Übereinstimmung der Teile miteinander und mit dem Ganzen.« Daß dieses Kriterium auf ein Gebilde wie die Newtonsche Mechanik in höchstem Maße zutrifft, braucht kaum erklärt zu werden. Die Teile, das sind die einzelnen mechanischen Vorgänge; jene, die wir durch Apparate sorgfältig isolieren, ebenso wie jene, die im bunten Spiel der Erscheinungen unentwirrbar vor uns ablaufen. Und das Ganze ist eben das einheitliche Formprinzip, dem sich alle diese Vorgänge fügen und das von Newton in einem einfachen System von Axiomen mathematisch festgelegt worden ist. Einheitlichkeit und Einfachheit sind zwar nicht genau dasselbe. Aber die Tatsache, daß in einer solchen Theorie dem Vielen das Eine gegenübergestellt wird, daß in ihm das Viele vereinigt wird, hat doch wohl von selbst zur Folge, daß sie von uns auch zugleich als einfach und schön empfunden wird. Die Bedeutung des Schönen für das Auffinden des Wahren ist zu allen Zeiten erkannt und hervorgehoben worden. Der lateinische Leitsatz: »simplex sigillum veri«, »Das Einfache ist das Siegel des Wahren«, steht in großen Lettern im Physikhörsaal der Universität Göttingen als Mahnung für jene, die Neues entdecken wollen, und der andere lateinische Leitsatz: »pulchritudo splendor veritatis«, »Die Schönheit ist der Glanz der Wahrheit«, kann auch so gedeutet werden, daß der Forscher die Wahrheit zuerst an diesem Glanz, an ihrem Hervorleuchten erkennt.

Noch zweimal in der Geschichte der exakten Naturwissenschaft ist dieses Aufleuchten des großen Zusammenhangs das entscheidende Signal für den bedeutenden Fortschritt geworden. Ich denke hier an zwei Ereignisse in der Physik unseres Jahrhunderts, die Entstehung der Relativitätstheorie und der Quantentheorie. In beiden Fällen ist eine verwirrende Fülle von Einzelheiten nach jahrelangen vergeblichen Bemühungen um Verständnis fast plötzlich geordnet worden, als ein zwar reichlich unanschaulicher, aber doch in seiner Substanz letzthin einfacher Zusammenhang auftauchte, der durch seine Geschlossenheit und abstrakte Schönheit unmittelbar überzeugte – alle jene überzeugte, die eine solche abstrakte Sprache verstehen und sprechen können.

Aber wir wollen den historischen Hergang jetzt nicht weiter verfolgen, sondern lieber ganz direkt fragen: Was leuchtet hier auf? Wie kommt es, daß an diesem Aufleuchten des Schönen in der exakten Naturwissenschaft der große Zusammenhang erkennbar wird, noch bevor er in den Einzelheiten verstanden ist, bevor er rational nachgewiesen werden kann? Worin besteht die Leuchtkraft, und was bewirkt sie im weiteren Verlauf der Wissenschaft?

Vielleicht sollte man hier zunächst an ein Phänomen erinnern, das man die Entfaltung abstrakter Strukturen nennen kann. Es kann am Beispiel der Zahlentheorie erläutert werden, von der schon am Anfang die Rede war, aber man kann auch auf vergleichbare Vorgänge in der Entwicklung der Kunst hinweisen. Für die mathematische Begründung der Arithmetik, der Zahlenlehre, genügen einige wenige einfache Axiome, die eigentlich nur genau definieren, was zählen heißt. Aber mit diesen wenigen Axiomen ist doch schon die ganze Fülle der Formen gesetzt, die erst im Laufe einer langen Geschichte ins Bewußtsein der Mathematiker getreten sind, die Lehre von den Primzahlen, von den quadratischen Resten, von den Zahlenkongruenzen usw. Man kann sagen, daß sich die mit dem Zählen gesetzten abstrakten Strukturen erst im Laufe der Geschichte der Mathematik sichtbar entfaltet haben, daß sie die Fülle von Sätzen und Zusammenhängen hervorgebracht haben, die den Inhalt der komplizierten Wissenschaft der Zahlentheorie ausmachen. In ähnlicher Weise stehen ja auch am Anfang eines Kunststils, etwa in der Architektur, gewisse einfache Grundformen, z. B. der Halbkreis und das Quadrat in der romanischen Architektur. Aus diesen Grundformen entstehen im Laufe der Geschichte neue, kompliziertere, auch veränderte Formen, die doch irgendwie als Variationen zum gleichen Thema aufgefaßt werden können; und so entfaltet sich aus den Grundstrukturen eine neue Weise, ein neuer Stil des Bauens. Man hat das Gefühl, daß diesen ursprünglichen Formen doch die Entfaltungsmöglichkeiten schon zu Beginn angesehen werden können; denn sonst wäre es kaum verständlich, daß viele begabte Künstler sich sehr schnell entschließen, diesen neuen Möglichkeiten nachzugehen.

Eine solche Entfaltung der abstrakten Grundstrukturen hat zweifellos auch in den Fällen stattgefunden, die ich für die Geschichte der exakten Naturwissenschaften aufgezählt habe. Dieses Wachstum, das Entwickeln immer neuer Zweige hat bei der Newtonschen Mechanik bis in die Mitte des letzten Jahrhunderts gedauert. In der Relativitätstheorie und in der Quantentheorie haben wir Ähnliches in diesem Jahrhundert miterlebt, und das Wachstum ist noch nicht abgeschlossen.

Dabei hat dieser Prozeß in der Wissenschaft wie in der Kunst noch eine wichtige soziale und ethische Seite; denn an ihm können viele Menschen aktiv teilnehmen. Wenn im Mittelalter eine große Kathedrale gebaut werden sollte, so waren viele Baumeister und Handwerker beschäftigt. Sie waren erfüllt von der Vorstellung von Schönheit, die durch die ursprünglichen Formen gesetzt war, und sie waren durch ihre Aufgabe gezwungen, im Sinne dieser Formen genaue sorgfältige Arbeit zu leisten. In ähnlicher Weise hatten in den zwei Jahrhunderten nach der Newtonschen Entdeckung viele Mathematiker, Physiker und Techniker die Aufgabe, einzelne mechanische Probleme nach den Newtonschen Methoden zu behandeln, Experimente auszuführen oder technische Anwendungen vorzunehmen, und auch hier wurde stets äußerste Sorgfalt verlangt, um das im Rahmen der Newtonschen Mechanik Mögliche zu erreichen. Vielleicht darf man allgemein sagen, daß durch die zugrundeliegenden Strukturen, in diesem Falle die Newtonsche Mechanik, Richtlinien gezogen oder sogar Wertmaßstäbe gesetzt werden, an denen objektiv entschieden werden kann, ob eine gestellte Aufgabe gut oder schlecht gelöst worden ist. Gerade dadurch, daß hier präzise Forderungen gestellt werden, daß der Einzelne durch kleine Beiträge mitwirken kann an dem Erreichen großer Ziele, daß über den Wert seines Beitrags objektiv entschieden werden kann, entsteht die Befriedigung, die von einer solchen Entwicklung für den großen beteiligten Kreis von Menschen ausgeht. Daher darf man auch die ethische Bedeutung der Technik für die heutige Zeit nicht unterschätzen.

Aus der Entwicklung von Naturwissenschaft und Technik ist z. B. auch die Idee des Flugzeugs hervorgegangen. Der einzelne Techniker, der irgendein Teilgerät für das Flugzeug konstruiert, der Arbeiter, der es herstellt, weiß, daß es auf die äußerste Genauigkeit und Sorgfalt bei seiner Arbeit ankommt, daß vielleicht sogar das Leben vieler Menschen von seiner Zuverlässigkeit abhängt. Daher gewinnt er den Stolz, den eine gut geleistete Arbeit gewährt, und er freut sich mit uns an der Schönheit des Flugzeugs, wenn er empfindet, daß in ihm das technische Ziel mit den richtigen angemessenen Mitteln verwirklicht ist. Schönheit ist, so lautete die nun schon mehrfach zitierte antike Definition, die richtige Übereinstimmung der Teile miteinander und mit dem Ganzen, und diese Forderung muß auch in einem guten Flugzeug erfüllt werden.

Aber mit diesem Hinweis auf die Entfaltung der schönen Grundstruktur, auf die ethischen Werte und Forderungen, die im geschichtlichen Verlauf der Entfaltung später auftauchen, ist doch die vorher gestellte Frage noch nicht beantwortet, was denn in diesen Strukturen aufleuchtet, woran der große Zusammenhang erkannt wird, noch bevor er rational im einzelnen verstanden ist. Dabei soll von vornherein die Möglichkeit eingeschlossen werden, daß auch dieses Erkennen Täuschungen unterliegen kann. Aber daß es dieses ganz unmittelbare Erkennen gibt, dieses Erschrecken vor dem Schönen, wie es bei Plato im *Phaidros* heißt, daran kann wohl nicht gezweifelt werden.

Unter allen denen, die über diese Frage nachgedacht haben, scheint Einigkeit darüber bestanden zu haben, daß dieses unmittelbare Erkennen nicht über das diskursive, d. h. rationale Denken erfolgt. Ich möchte hier zwei Äußerungen zitieren, die eine von Johannes Kepler, von dem vorhin die Rede war, die andere aus unserer Zeit von dem Züricher Atomphysiker Wolfgang Pauli, der mit dem Psychologen C. G. Jung befreundet war. Der erste Text steht in Keplers Werk *Kosmische Harmonie* und lautet: »Jenes Vermögen, das die edlen Maßverhältnisse in dem sinnlich Gegebenen und den anderen außerhalb seiner gelegenen Dinge wahrnimmt und erkennt, ist dem unteren Bezirk der Seele zuzurechnen. Es steht sehr nahe dem Vermögen, das den Sinnen die formalen Schemata liefert, oder noch tiefer, also dem bloß vitalen Vermögen der Seele, welches nicht diskursiv, d. h. in Schlüssen denkt, wie die Philosophen, und sich keiner überlegenen Methode bedient, daher nicht bloß den Menschen eigen ist, sondern auch den wilden Tieren und dem lieben Vieh innewohnt ... Nun könnte man fragen, woher jenes Seelenvermögen, das am begrifflichen Denken nicht teilhat und daher auch kein eigentliches Wissen von harmonischen Verhältnissen haben kann, die Fähigkeit haben soll, in der Außenwelt Gegebenes zu erkennen. Denn erkennen heißt, das sinnlich Wahrnehmbare außen mit den Urbildern innen vergleichen und es damit als übereinstimmend zu beurteilen. Proklos hat hierfür einen sehr schönen Ausdruck in den Bildern des Erwachens wie aus einem Traum. So, wie nämlich die in der Außenwelt sinnlich gegebenen Dinge uns diejenigen, die wir vorher im Traum wahrgenommen haben, in Erinnerung bringen, so locken auch in der Sinnlichkeit gegebene mathematische Beziehungen jene intelligiblen Urbilder hervor, die schon von vornherein innerlich gegeben sind, so daß sie jetzt wirklich und leibhaftig in der Seele aufleuchten, während sie vorher nur nebelhaft in ihr vorhanden waren. Wie aber sind sie ins Innere gelangt? Hierauf antworte ich« – so fährt Kepler fort –: »Alle reinen

Ideen oder Urformbeziehungen des Harmonischen, wie die bisher besprochenen, wohnen denen inne, die zu ihrer Erfassung fähig sind. Aber sie werden nicht erst durch ein begriffliches Verfahren ins Innere aufgenommen, vielmehr entstammen sie einer gleichsam triebhaften reinen Größenanschauung und sind diesen Individuen eingeboren, wie dem Formprinzip der Pflanzen etwa die Zahl ihrer Blütenblätter oder die Zahl der Fruchtkammern dem Apfel eingeboren ist.«

So weit Kepler. Er weist uns hier also auf Möglichkeiten hin, die schon im Tier- und Pflanzenreich gegeben sind, auf angeborene Urbilder, die das Erkennen von Formen herbeiführen. In unserer Zeit hat besonders Portmann solche Möglichkeiten geschildert. Er beschreibt etwa bestimmte Farbmuster, die im Gefieder von Vögeln verwirklicht sind und die doch nur dann einen biologischen Sinn haben können, wenn sie auch von den anderen Vögeln dieser Art wahrgenommen werden. Die Fähigkeit zur Wahrnehmung muß also wohl ebenso angeboren sein wie das Muster selbst. Man kann hier auch an den Gesang der Vögel denken. Zunächst wird hier biologisch wohl nur ein bestimmtes akustisches Signal gefordert sein, das etwa der Partnersuche dient und das vom Partner verstanden wird. Aber in dem Maße, in dem die unmittelbare biologische Funktion an Wichtigkeit verliert, kann es zu einer spielerischen Erweiterung des Formenschatzes kommen, zu einer Entfaltung der zugrunde liegenden Melodiestruktur, die dann als Gesang auch ein so artfremdes Wesen wie den Menschen entzückt. Die Fähigkeit, dieses Formenspiel zu erkennen, muß jedenfalls der betreffenden Vogelart angeboren sein, sie bedarf sicher nicht des diskursiven rationalen Denkens. Dem Menschen ist, um ein anderes Beispiel zu nennen, wahrscheinlich die Fähigkeit angeboren, gewisse Grundformen der Gestensprache zu verstehen und etwa danach zu entscheiden, ob der andere freundliche oder feindliche Absichten hegt – eine Fähigkeit, die für das Zusammenleben der Menschen von größter Bedeutung ist.

Ähnliche Gedanken wie bei Kepler sind in einem Aufsatz von Wolfgang Pauli ausgesprochen. Pauli schreibt: »Der Vorgang des Verstehens in der Natur, sowie auch die Beglückung, die der Mensch beim Verstehen, d. h. beim Bewußtwerden einer neuen Erkenntnis empfindet, scheint demnach auf einer Entsprechung, einem Zur-Deckung-Kommen von präexistenten inneren Bildern der menschlichen Psyche mit äußeren Objekten und ihrem Verhalten zu beruhen. Diese Auffassung der Naturerkenntnis geht bekanntlich auf Plato zurück und wird ... auch von Kepler in sehr klarer Weise vertreten. Dieser spricht in der Tat von Ideen, die im Geist Gottes präexistent sind und die der Seele, als dem Ebenbild Gottes, mit eingeschaffen wurden. Diese Urbilder, welche die Seele mit Hilfe eines angeborenen Instinktes wahrnehmen könne, nennt Kepler archetypisch. Die Übereinstimmung mit den von C. G. Jung in die moderne Psychologie eingeführten, als Instinkte des Vorstellens funktionierenden urtümlichen Bildern oder Archetypen ist sehr weitgehend. Indem die moderne Psychologie den Nachweis erbringt, daß jedes Verstehen ein langwieriger Prozeß ist, der lange vor der rationalen Formulierbarkeit des Bewußtseinsinhalts durch Prozesse im Unbewußten begleitet wird, hat sie die Aufmerksamkeit wieder auf die vorbewußte archaische

Stufe der Erkenntnis gelenkt. Auf dieser Stufe sind an Stelle von klaren Begriffen Bilder mit starkem emotionalem Gehalt vorhanden, die nicht gedacht, sondern gleichsam malend geschaut werden. Insofern diese Bilder ein Ausdruck für einen geahnten, aber noch unbekannten Sachverhalt sind, können sie entsprechend der von C. G. Jung aufgestellten Definition des Symbols auch als symbolisch bezeichnet werden. Als anordnende Operatoren und Bildner in dieser Welt der symbolischen Bilder funktionieren die Archetypen eben als die gesuchte Brücke zwischen den Sinneswahrnehmungen und den Ideen und sind demnach auch eine notwendige Voraussetzung für die Entstehung einer naturwissenschaftlichen Theorie. Jedoch muß man sich davor hüten, dieses a priori der Erkenntnis ins Bewußtsein zu verlegen und auf bestimmte, rational formulierbare Ideen zu beziehen.«

Pauli schildert dann noch im weiteren Verlauf seiner Untersuchungen, daß Kepler die Überzeugung von der Richtigkeit des Kopernikanischen Systems primär nicht aus den einzelnen astronomischen Beobachtungsergebnissen gewonnen habe, sondern aus der Übereinstimmung des Kopernikanischen Bildes mit einem Archetypus, der von C. G. Jung als Mandala bezeichnet wird und der auch von Kepler als Symbol der heiligen Dreieinigkeit gebraucht wird. Gott steht im Zentrum einer Kugel als das primär Bewegende, die Welt, in der der Sohn wirkt, wird mit der Oberfläche der Kugel verglichen, und der heilige Geist entspricht den Strahlen, die vom Mittelpunkt zur Kugeloberfläche laufen. Natürlich gehört es zum Wesen dieser Urbilder, daß man sie nicht eigentlich rational oder etwa gar anschaulich beschreiben kann.

Wenn Kepler die Überzeugung von der Richtigkeit des Kopernikanischen Systems also auch aus solchen Urbildern gewonnen hat, so bleibt es doch eine entscheidende Voraussetzung jeder brauchbaren wissenschaftlichen Theorie, daß sie hinterher der empirischen Nachprüfung und der rationalen Analyse standhält. An dieser Stelle sind die Naturwissenschaften in einer glücklicheren Lage als die Künste, da es für die Naturwissenschaft ein unabdingbares und unerbittliches Wertkriterium gibt, dem sich keine Arbeit entziehen kann. Das Kopernikanische System, die Keplerschen Gesetze und die Newtonsche Mechanik haben sich hinterher bei der Deutung der Erfahrungen, der Beobachtungsergebnisse und in der Technik in einem solchen Umfang und mit einer solch extremen Genauigkeit bewährt, daß an ihrer Richtigkeit seit Newtons *Principia* nicht mehr gezweifelt werden konnte. Aber es handelt sich doch auch hier um eine Idealisierung, so wie Plato es für notwendig gehalten und Aristoteles es getadelt hatte.

Das hat sich in voller Deutlichkeit erst vor etwa 50 Jahren herausgestellt, als man aus den Erfahrungen in der Atomphysik erkannte, daß die Newtonsche Begriffsbildung nicht mehr ausreicht, um an die mechanischen Phänomene im Inneren der Atome heranzukommen. Seit der Planckschen Entdeckung des Wirkungsquantums im Jahre 1900 war in der Physik ein Zustand der Verwirrung entstanden. Die alten Regeln, nach denen man über zwei Jahrhunderte lang die Natur erfolgreich beschrieben hatte, wollten nicht mehr zu den neuen Erfahrungen passen. Aber auch diese Erfahrungen selbst waren in sich widersprüchlich. Eine Hypothese, die sich in einem Experiment bewährte, versagte in einem anderen. Die Schönheit und Geschlossenheit der alten Physik schien zerstört, ohne daß man aus den oft divergierenden Versuchen einen wirklichen Einblick in neue und andersartige Zusammenhänge hätte gewinnen können. Ich weiß nicht, ob es erlaubt ist, den Zustand der Physik in jenen 25 Jahren nach Plancks Entdeckung, die ich als junger Student noch miterlebt habe, mit den Zuständen der heutigen modernen Kunst zu vergleichen. Aber ich muß gestehen, daß sich mir dieser Vergleich immer wieder aufdrängt. Die Ratlosigkeit bei der Frage, was man mit den verwirrenden Erscheinungen tun solle, die Trauer über die verlorenen Zusammenhänge, die doch immer noch so überzeugend aussehen, all dieses Unbefriedigende hat doch das Gesicht der beiden so verschiedenen Bereiche und Epochen in ähnlicher Weise bestimmt. Dabei handelt es sich offenbar um ein notwendiges Zwischenstadium, das nicht übersprungen werden kann und das die spätere Entwicklung vorbereitet. Denn, so hieß es bei Pauli, jedes Verstehen ist ein langwieriger Prozeß, der lange vor der rationalen Formulierbarkeit des Bewußtseinsinhalts durch Prozesse im Unbewußten eingeleitet wird. Die Archetypen funktionieren als die gesuchte Brücke zwischen den Sinneswahrnehmungen und den Ideen.

In dem Moment aber, in dem die richtigen Ideen auftauchen, spielt sich in der Seele dessen, der sie sieht, ein ganz unbeschreiblicher Vorgang von höchster Intensität ab. Es ist das staunende Erschrecken, von dem Plato im *Phaidros* spricht, mit dem die Seele sich gleichsam an etwas zurückerinnert, was sie unbewußt doch immer schon besessen hatte. Kepler sagt:

»geometria est archetypus pulchritudinis mundi«, »Die Mathematik«, so dürfen wir wohl verallgemeinernd übersetzen, »ist das Urbild der Schönheit der Welt«. In der Atomphysik hat sich dieser Vorgang vor nicht ganz fünfzig Jahren abgespielt und hat die exakte Naturwissenschaft wieder in den Zustand harmonischer Geschlossenheit unter ganz neuen Voraussetzungen zurückgebracht, der für ein Vierteljahrhundert verlorengegangen war. Ich sehe keinen Grund, warum Ähnliches nicht auch eines Tages in der Kunst geschehen sollte. Aber man muß wohl warnend hinzufügen: So etwas kann man nicht machen, es muß von selbst geschehen.

Verehrte Anwesende, ich habe Ihnen diese Seite der exakten Naturwissenschaft geschildert, weil an ihr die Verwandtschaft zu den Schönen Künsten am deutlichsten sichtbar wird und weil hier dem Mißverständnis vorgebeugt werden kann, es handele sich in Naturwissenschaft und Technik nur um die genaue Beobachtung und um das rationale, diskursive Denken. Zwar gehören dieses rationale Denken und das sorgfältige Messen zur Arbeit des Naturforschers so wie Hammer und Meißel zur Arbeit des Bildhauers. Aber sie sind in beiden Fällen nur Werkzeug, nicht Inhalt der Arbeit.

Vielleicht darf ich ganz am Schluß noch einmal an die zweite Definition des Begriffs ›Schönheit‹ erinnern, die von Plotin stammt und in der von den Teilen und vom Ganzen nicht mehr die Rede ist: »Die Schönheit ist das Durchleuchten des ewigen Glanzes des ›Einen‹ durch die materielle Erscheinung.« Es gibt wichtige Epochen der Kunst, zu denen diese Definition besser paßt als die erstgenannte, und oft sehnen wir uns nach solchen Epochen zurück. Aber in unserer Zeit ist es schwer, von dieser Seite der Schönheit zu sprechen, und vielleicht ist es eine gute Regel, sich an die Sitten der Zeit zu halten, in der man zu leben hat, und über das schwer Sagbare zu schweigen. Eigentlich sind die beiden Definitionen ja auch nicht allzu weit voneinander entfernt. Lassen wir es also bei der ersten, mehr nüchternen Definition der Schönheit bewenden, die sicher auch in der Naturwissenschaft verwirklicht wird, und stellen wir fest, daß sie in der exakten Naturwissenschaft ebenso wie in den Künsten die wichtigste Quelle des Leuchtens und der Klarheit ist.

Textnachweise

Die in der vorliegenden Ausgabe abgedruckten Aufsätze Werner Heisenbergs wurden folgenden Sammelbänden des Autors entnommen:

Die Geschichte der Quantentheorie. Aus: Physik und Philosophie. Stuttgart: Hirzel, ^{8}2011. S. 47–65.

Die Quantenmechanik und ein Gespräch mit Einstein. Aus: Der Teil und das Ganze. Gespräche im Umkreis der Atomphysik. München: Piper, 1969. S. 85–100. – © 1969 Piper Verlag GmbH, München.

Die Kopenhagener Deutung der Quantentheorie. Aus: Physik und Philosophie. Stuttgart: Hirzel, ^{8}2011. S. 67–85.

Quantenmechanik und Kantsche Philosophie. Aus: Der Teil und das Ganze. Gespräche im Umkreis der Atomphysik. München: Piper, 1969. S. 163–173. – © 1969 Piper Verlag GmbH, München.

Über die Verantwortung des Forschers. Aus: Der Teil und das Ganze. Gespräche im Umkreis der Atomphysik. München: Piper, 1969. S. 262–273. – © 1969 Piper Verlag GmbH, München.

Die Bedeutung des Schönen in der exakten Naturwissenschaft. Aus: Schritte über Grenzen. Gesammelte Reden und Aufsätze. München: Piper, ^{4}1977. S. 288–305. – © Belser Verlag, Stuttgart.

Herausgeber und Verlag danken den genannten Verlagen für die Genehmigung zum Abdruck der Texte.

Nachwort

Es gibt kaum ein Jahrhundert, das derart saturiert zu Ende ging wie das neunzehnte, und es gibt kaum ein Jahrhundert, das ähnlich revolutionär begann wie das zwanzigste. Diesen radikalen Umsturz führte kein historischer Unfall herbei, kein Verunglücken der Weltgeschichte, keine Schuld, die man irgend jemandem zurechnen könnte; es war vielmehr, so paradox dies klingen mag, die Logik des Friedens.

Als der junge Max Planck bei einem Professor der Münchner Universität mit der Absicht vorstellig wurde, Physik zu studieren, war die Reaktion nicht etwa enthusiastisches Zureden. Im Gegenteil. In der Physik, sagte der Physiker Philipp von Jolly, sei im wesentlichen schon alles erforscht. Das System dieser Wissenschaft stehe nahezu vollendet da. Es gebe nur noch einige unbedeutende Lücken auszufüllen. Für einen jungen Mann mußte es deshalb ratsam erscheinen, sich wichtigeren, zukunftsträchtigeren Aufgaben zuzuwenden.

Etwa ein Jahr, bevor in Würzburg Werner Heisenberg geboren wurde (5. Dezember 1901) – man war bereits in das 20. Jahrhundert eingetreten und hatte das kalendarische Ereignis mit viel wilhelminischem Pomp (und nach Ansicht mancher Kritiker zum falschen Zeitpunkt) gefeiert –, unternahm der noch nicht lang und erst auf einer der unteren akademischen Sprossen etablierte Physiker Max Planck mit seinem kleinen Sohn einen Spaziergang im Berliner Grunewald. In einem Gespräch, das wir uns vielleicht wirklichkeitsnäher als einen verzweifelten Monolog vorstellen, legte der Vater dem Kind dar, daß er an einer Entdeckung arbeite, »die ebenso wichtig ist wie die Entdeckung Newtons«, ja, daß die Entdeckung der neuen Naturkonstanten »die gleiche Bedeutung hat wie die von Kopernikus«. Was

Planck entdeckt hatte, war das kleinste Wirkungsquantum *h*, eine Konstante, welche »unabhängig von speziellen Körpern oder Substanzen ihre Bedeutung für alle Zeiten und alle, auch außerirdische und außermenschliche Culturen notwendig behalten« werde. (So Planck schon in einem Vortrag vor der Preußischen Akademie der Wissenschaften am 18. Mai 1899.)

Nicht viel später – Heisenberg durchlief soeben die Etappen vom ABC-Schüler zum Lateinschüler (am 18. September 1911 trat er in die Klasse 1a des Münchner Maximiliansgymnasiums ein) – war es ein bis dahin von Lehrern und Freunden eher für ein durchschnittliches Licht angesehener »technischer Experte dritter Klasse« am eidgenössischen Patentamt von Bern, der in einer Reihe von Aufsätzen die Fruchtbarkeit der Quantenhypothese demonstrierte und die damit eingeleitete revolutionäre Entwicklung der Physik vorantrieb, der aber gleichwohl mit seinen Beiträgen zur Quantentheorie mehr Fragen produzierte, als er Antworten vorlegen konnte. In Berlin wurde Albert Einstein später zusammen mit dem inzwischen von jedermann verehrten Max Planck zum Hüter einer physikalischen Ordnungsvorstellung, die von konsequenteren Denkern der theoretischen Physik in Kopenhagen und Göttingen bedroht schien.

Es waren dies die stürmischen Jahre von 1920 bis 1930. Der musisch außerordentlich begabte Werner Heisenberg, ein glänzender Klavierspieler, ein glühender Anhänger der Philosophie Platons, ein begeisterter Wanderer – er nahm im August 1919 am Pfadfindertag auf Schloß Prunn teil –, begann 1920 in München zu studieren und war 1930, in dem Jahr, als sein Vater starb, einer der berühmtesten Physiker seiner Zeit, bereits seit drei Jahren ordentlicher Professor für theoretische Physik in Leipzig (1927 im Alter von noch nicht 26 Jahren berufen), war nach diesem Jahrzehnt der Exponent eines wissenschaftlichen Denkens, dem Einstein sich nicht mehr öffnen wollte.

Heisenbergs erstaunliche Karriere war, zumal in ihren Anfängen, nicht ohne Eigentümlichkeiten verlaufen, die teils komisch, teils ärgerlich waren. Der Vertreter der Experimentalphysik in München, Wilhelm Wien, hätte den 21jährigen bei der Promotion am 23. Juli 1923 beinahe durchs Rigorosum fallen lassen, weil ihm die Kenntnisse des Doktoranden nicht ausreichend erschienen. Wiens Meinung über Heisenberg wird in der Formel »bodenlose Ignoranz« kolportiert. Heisenbergs Münchner Lehrer in Theoretischer Physik, der hervorragende Ziehvater einer ganzen Gelehrtengeneration Arnold Sommerfeld, dagegen hielt diesen Schüler für ein Genie und sagte das auch. So einigte man sich, daß Heisenberg in Physik zwar bestanden habe, aber mit der schwächsten Note bedacht werden sollte. Nicht minder skeptisch als Wien stand zunächst Heisenbergs Vater, Münchner Professor für Mittel- und Neugriechische Philologie, der Studienrichtung Theoretische Physik und den davon zu erwartenden Berufsaussichten gegenüber. August Heisenberg mag erst einigermaßen beruhigt gewesen sein, als er, ein Byzantinist von Rang und Ansehen, erleben mußte, wie an seiner Universität hinter seinem Rücken einem berühmten Gast aus Amerika vom Rektor persönlich bedeutet wurde: »Das ist der Vater von Werner Heisenberg.«

Seit der unschönen Promotion war gerade ein Jahr vergangen – Heisenberg hatte unterdessen in Göttingen Niels Bohr kennengelernt –, als es Max Born in Göttingen gelang, den noch kaum Erwachsenen am 28. Juli 1924 zu habilitieren. Die folgenden Jahre, die durch die intensive Zusammenarbeit mit Bohr in Kopenhagen, mit Max Born und Pasqual Jordan in Göttingen, durch den geistigen Austausch mit Wolfgang Pauli gekennzeichnet sind, brachten die Grundlegung und Formulierung der Quantenmechanik, die eine Abkehr von der klassischen Mechanik bedeutete. Im Kontext dieser Arbeiten entwickelte Heisenberg auch die nach ihm benannte »Unschärferelation«, die besagt, daß es prinzipiell unmöglich ist, von einem Elementarteilchen zugleich den Ort, an dem es sich befindet, und seinen Impuls zu bestimmen: je schärfer das eine gemessen wird, um so unschärfer gerät notwendig die Bestimmung des anderen. Die hier behauptete Unmöglichkeit einer exakten Aussage über das ganze Phänomen, der als unausweichlich aufgetragene Rückzug auf statistische Aussagen über Wirkliches im Elementarteilchenbereich, war nun für das Weltbild der Physik ein schwerer Schock. Dennoch hätte die Selbstgefälligkeit der sogenannten exakten Naturwissenschaften – bei Abstrichen von einigen ihrer höchst unexakt ausgewiesenen Ansprüche – keineswegs Schaden zu nehmen brauchen: durch die in erster Linie philosophischen Implikationen wurden jene, die sich überhaupt bereitfanden, über dergleichen nachzudenken, gezwungen, die Frage nach der Möglichkeit von Wissenschaft und nach den Bedingungen wissenschaftlicher Aussagen über die Welt und das Wirkliche neu zu formulieren.

Der »Umsturz im Weltbild der Physik«, wie er schon im Titel einer der vorzüglichsten wissenschaftlichen Darstellungen zu diesem Thema von Ernst Zimmer vorgestellt wird, war in diesen ersten dreißig Jahren des 20. Jahrhunderts, besonders aber in seinen ersten zehn Jahren begleitet von revolutionären Bewegungen auf einer ganzen Reihe unterschiedlicher Gebiete. In der Malerei, in der Musik, in der Literatur, in der Architektur entstanden beinahe gleichzeitig und sicherlich oft voneinander unabhängig Bestrebungen, mit traditionellen Anschauungs- und Aneignungsformen radikal zu brechen. Namen wie Schönberg, Marinetti, Kandinski, Picasso, Loos, Kafka; Zusammenschlüsse wie das Bauhaus, provokative Gruppen wie die Dadaisten, Bewegungen wie der Expressionismus, der Surrealismus, der Kubismus; in der Politik die Herausbildung einer pragmatisch-kommunistischen Theorie durch Lenin, bei anderen die intellektuelle Vorbereitung des Faschismus: all dies vollzog sich gleichzeitig, und der historische Rückblick sollte sich davor hüten, zusammenzusehen, was nie zusammengehörte.

Für den gebildeten Bürger platzte die Welt auseinander wie ein unter Überdruck geratener Dampfkessel. Die Wissenschaften und die Künste schienen sich vordem noch unter dem Sinn zu beugen, der in der Philosophie, der in der Entfaltung des Staates kulminierenden Politik, einer im täglichen tätigen Leben realisiert und erfahren wurde. Innerhalb des Sinns ging das als schön Empfundene noch mit dem als richtig Erkannten zusammen, standen das Urteilen und Erleben noch nicht in unauflöslichen Widersprüchen, die dann späterhin mit Gewalt, Unterdrückung und Terror aufgelöst wurden. Innerhalb des Sinns konnte der Mensch noch hoffen, alles zu erfahren und alles in seiner Vorstellung zu einem harmonischen Gesamtbild verbinden zu können. Nun war so nichts mehr als einheitlich zu begreifen. Vielleicht hatte man nur eine Illusion verloren. Aber es war eben das bittere Gefühl des Verlusts, das sich der Menschen bemächtigte. Wieviel Fortschritt in den Wissenschaften, in den Künsten, in der Gestaltung des Lebens – aber wovon man fortschritt, das war zusammengebrochen.

Wir erleben das, zwei Generationen danach, auf andere Art. Wenn Planck Recht damit hatte, seine Entdeckung mit der des Kopernikus zu vergleichen – und er hatte, was die systematischen Folgen für das wissenschaftliche Denkgebäude angeht, ohne Zweifel Recht –, dann fragt man sich, ob es denn nach Planck für die geistige Orientierung der Menschen eine vergleichbare Wende gegeben hat. Solches Vergleichen ist historisch stets prekär. Dennoch darf man die Behauptung wagen, daß der durchschnittlich gebildete Bürger des 20. Jahrhunderts den Erschütterungen des physikalischen Weltbilds, erst recht den daraus abzuleitenden philosophischen Konsequenzen mit einem gediegenen Desinteresse begegnet.

Das hat wahrscheinlich nichts mit der Kompliziertheit jener physikalischen Sätze zu tun, denen die einzigartige revolutionäre Bedeutung zugeschrieben wird. Was an ihnen revolutionär ist, kann in einfachen Begriffen dargelegt werden; wo sie unanschaulich sind, kann drastisch bewiesen werden, daß das Unanschauliche wirklich ist und die Anschauungen nur für das nächste menschliche Maß zuverlässig, bei kleinsten und größten Dimensionen jedoch trügerisch sind. Aber das interessiert die Menschen allenfalls als Kuriosität. Die Menschen haben sich daran gewöhnt, die Sinnfrage von wissenschaftlichen Erkenntnissen unabhängig zu machen. Anders als die Zeitgenossen des Galilei ist es den Nachfahren Kants und Husserls, Nietzsches und Heideggers für die letzten das Menschengeschlecht und den Einzelnen betreffenden Fragen gleichgültig, wo und wie sich der Erdball befindet, was am Himmel ist und was dahinter.

Als man denken konnte, die Physik werde weite Teile der Philosophie über den Haufen werfen, war die Philosophie in ihren ersten Repräsentanten schon Phänomenologie, war sie wieder Ethik, praktische Philosophie, war sie endlich analytische und Sprachphilosophie geworden, erhob sie nicht mehr den Anspruch, Ganzheitsmodelle zu begründen, weder für die wirkliche Welt, noch für irgendeine denkbare.

Und als auf dem Solvay-Kongress 1927 Albert Einstein sich weigerte, den physikalisch zwingenden Argumenten der ihn pausenlos bedrängenden Kollegen Bohr und Heisenberg nachzugeben, als er sich in seiner Abwehr den Konsequenzen seiner eigenen Grundsätze verschloß und seinen Glauben in die Worte faßte: »Der liebe Gott würfelt nicht« (womit er sich gegen die scheinbare Ablösung der Naturgesetze durch die mit Wahrscheinlichkeitsaussagen arbeitende Quantenmechanik wandte), da verteidigte Einstein ein wissenschaftstheoretisches Feld, das die Philosophen schon längst aufgegeben hatten.

Tatsächlich hielt Einstein an einer ontologischen Interpretation physikalischer Erkenntnisse fest. Anschauungsformen mochten über den Haufen geworfen werden – Denkgesetze durften es nicht. In der Forderung, daß die physikalische Interpretation nur das wiedergeben dürfe, was in der Welt ist, waren sich Göttinger und Berliner zwar einig. Aber ob die physikalische Interpretation der Welt Schlüsse auf die Wirklichkeit der Welt zulasse, darüber konnten schon die Auseinandersetzungen beginnen. Zuletzt aber: ob die traditionell logische Denkbarkeit der Welt – die Einstein in ihrer Summe, in Gott zitiert – die Grenzen absteckt für das, was das Denken von der Welt erfahren kann, darüber gingen die Ansichten weit auseinander.

Einstein war bereit, der Einheit von Welt und Denken und der daraus resultierenden ontologischen Logik die methodologische Logik, die Verbindlichkeit sinnvoller, widerspruchsfreier und voraussetzungsgesicherter Denkschritte zu opfern. Das Ergebnis eines Denkens sollte nur dann anerkannt werden können, wenn es mit dem ersten logischen Satz, der die Kompatibilität von Welt und Denken behauptet, übereinstimmte. Genau diese Bedingung war aber für die Philosophie durch das Werk Friedrich Nietzsches schon zumindest kompromittiert worden.

Heisenberg und Bohr – weit von Nietzsches Wissenschaftskritik entfernt – akzeptierten Einsteins Grundforderung nicht. Wenn der Weg von der Richtigkeit der Addition 2 plus 2 gleich 4 über eine Fülle mathematischer Schritte, die nach diesem Vorbild richtig sind, zu dem Ergebnis führt, daß im Elementarteilchenbereich eine andere Logik, eine Quantenlogik gültig ist, dann muß die Voraussetzung der Einheit von Welt und Denken neu gesucht und anders gefaßt werden, dann hat man sie eben noch nicht.

Mit den Revolutionen auf allen Gebieten geistiger Tätigkeit fiel aber auch der Anspruch der Wissenschaften zusammen, als Wissenschaft das Denken gegenüber dem Ganzen der gegebenen Welt zu repräsentieren. Der Prozeß der Emanzipierung der Wissenschaft in Wissenschaften von der Inanspruchnahme für die Sinnenthüllung der Welt, für die Erläuterung eines Weltplans oder Weltgesetzes, in dem der

Mensch geistig wohnt, dieser Prozeß, der die gesamte Neuzeit charakterisiert, war durch die Neubegründung der Philosophie im Deutschen Idealismus nur aufgehalten, nicht jedoch umgekehrt worden. Innerhalb geistiger Konzeptionen von Platon und Aristoteles – oder von Humboldt und Hegel – war es möglich, von Wissenschaft als Prozeß der verstehenden Synthese nach und nach von allem Verständlichen zu sprechen. Ohne solche Konzeption depravierten die Wissenschaften zu bloßen Forschungsrichtungen, als die unterdessen alle klassischen Fächer an den Universitäten weiterbetrieben werden.

Physik als Forschung mit ihren Chancen und Gefahren begleitete fernerhin das Leben des jungen Leipziger Professors, der den Physik-Nobelpreis für das Jahr 1932 erhielt. Zunächst freilich erlebte er, daß bei der Verkümmerung des wissenschaftlichen Ethos auch Physik als Weltanschauung zur Gefahr werden konnte. Im Dritten Reich mußte Heisenberg die positiven Leistungen seines Fachs gegen die Verleumdungen einer – sich tatsächlich so nennenden – »deutschen Physik« verteidigen, deren Vertreter, ebenfalls Nobelpreisträger, Relativitätstheorie und Quantentheorie als Judenwerk denunzierten.

Vor dem Verhängnis, im Rahmen der Kriegsforschung Atomwaffen herzustellen, blieb Heisenberg und blieben seine deutschen Kollegen bewahrt. Ob sie es nicht konnten oder ob sie nicht wollten, ist eine müßige Frage. Zumindest gibt es den Versuch Heisenbergs, über den lebenslangen, mit dem Respekt, den ein Sohn seinem Vater entgegenbringt, behandelten Freund Niels Bohr im besetzten Dänemark eine Verständigung der Atomphysiker darüber herbeizuführen, die Nuklearwaffe nicht zu bauen. Der Versuch scheiterte, das von den Nazis besetzte Dänemark war politisch ein schlechtes Experimentierfeld. Das existentielle Mißtrauen hatte die Gemeinschaft der Wissenschaftler zerstört.

Bis zu seinem Tod am 1. Februar 1976 bemühte sich Werner

Heisenberg, Physik als Wissenschaft zu bewahren, als Theoria, die nicht Zwecken verpflichtet ist. So ist sein Bemühen um eine einheitliche Feldformel zu verstehen, so in anderer Weise sein unermüdliches Nachdenken über den Zusammenhang von Physik und Philosophie, wobei er freilich nicht einen Augenblick vergaß, was er sich als Physiker schuldig war.

Ich bin, hatte am 14. Dezember 1900 Max Planck vor der Physikalischen Gesellschaft in Berlin bei seinem revolutionären Vortrag über die kleinen Energiegrößen und die Notwendigkeit, Quantensprünge anzunehmen, gesagt, ich bin von Natur »friedlich und bedenklichen Abenteuern abgeneigt ... Aber eine theoretische Deutung muß um jeden Preis gefunden werden, und wäre er noch so hoch«.

Jürgen Busche

Inhalt